西北旱区生态水利学术著作丛书

旱区小麦生长与水肥调控

王全九　付秋萍　马　莉　等　著
王翔翔　单鱼洋

科学出版社

北　京

内 容 简 介

　　提高农田水肥利用效率是实现农业高产、稳产和水土资源高效而可持续利用的重要内容。本书较为系统地介绍了小麦叶片光合特征、小麦株高、叶面积指数和生物量增长特征及其数学模型、不同灌溉方式下春冬小麦耗水特征和水分利用效率、土壤氮素累积和冬小麦水肥耦合效应、覆盖方式对春小麦生长和水分利用效率影响、AquaCrop 模型模拟春冬小麦生长和耗水过程、冬小麦优化施肥管理模式等方面的研究成果。全书共 8 章，内容包括绪论、春冬小麦叶片光合特征、春冬小麦生长特征、春冬小麦耗水特征和水分利用效率、冬小麦水肥耦合效应和土壤氮素分布、覆盖条件下春小麦生长和水分利用效率、春冬小麦生长和耗水过程的数值模拟及冬小麦氮肥利用效率与管理模式。

　　本书可作为农业水利工程、水文与水资源、土地整治与修复以及农业生态环境等领域的教学、科研和管理人员的参考书。

图书在版编目（CIP）数据

旱区小麦生长与水肥调控/王全九等著. —北京：科学出版社，2017.7
（西北旱区生态水利学术著作丛书）

ISBN 978-7-03-053991-5

Ⅰ. ①旱… Ⅱ. ①王… Ⅲ. ①旱地-小麦-栽培技术-研究 ②旱地-小麦-肥水管理-研究 Ⅳ. ①S512.1

中国版本图书馆 CIP 数据核字（2017）第 176677 号

责任编辑：祝　洁　赵鹏利 / 责任校对：赵桂芬
责任印制：张　伟 / 封面设计：迷底书装

科学出版社 出版
北京东黄城根北街 16 号
邮政编码：100717
http://www.sciencep.com

北京建宏印刷有限公司 印刷
科学出版社发行　　各地新华书店经销
*
2017 年 7 月第　一　版　　开本：B5（720×1000）
2017 年 7 月第一次印刷　　印张：10 1/8
字数：200 000

定价：80.00 元
（如有印装质量问题，我社负责调换）

总　序　一

　　水资源作为人类社会赖以延续发展的重要要素之一，主要来源于以河流、湖库为主的淡水生态系统。这个占据着少于 1%地球表面的重要系统虽仅容纳了地球上全部水量的 0.01%，但却给全球社会经济发展提供了十分重要的生态服务，尤其是在全球气候变化的背景下，健康的河湖及其完善的生态系统过程是适应气候变化的重要基础，也是人类赖以生存和发展的必要条件。人类在开发利用水资源的同时，对河流上下游的物理性质和生态环境特征均会产生较大影响，从而打乱了维持生态循环的水流过程，改变了河湖及其周边区域的生态环境。如何维持水利工程开发建设与生态环境保护之间的友好互动，构建生态友好的水利工程技术体系，成为传统水利工程发展与突破的关键。

　　构建生态友好的水利工程技术体系，强调的是水利工程与生态工程之间的交叉融合，由此促使生态水利工程的概念应运而生，这一概念的提出是新时期社会经济可持续发展对传统水利工程的必然要求，是水利工程发展史上的一次飞跃。作为我国水利科学的国家级科研平台，"西北旱区生态水利工程省部共建国家重点实验室培育基地（西安理工大学）"是以生态水利为研究主旨的科研平台。该平台立足我国西北旱区，开展旱区生态水利工程领域内基础问题与应用基础研究，解决了若干旱区生态水利领域内的关键科学技术问题，已成为我国西北地区生态水利工程领域高水平研究人才聚集和高层次人才培养的重要基地。

　　《西北旱区生态水利学术著作丛书》作为重点实验室相关研究人员近年来在生态水利研究领域内代表性成果的凝炼集成，广泛深入地探讨了西北旱区水利工程建设与生态环境保护之间的关系与作用机理，丰富了生态水利工程学科理论体系，具有较强的学术性和实用性，是生态水利工程领域内重要的学术文献。丛书的编纂出版，既是重点实验室对其研究成果的总结，又对今后西北旱区生态水利工程的建设、科学管理和高效利用具有重要的指导意义，为西北旱区生态环境保护、水资源开发利用及社会经济可持续发展中亟待解决的技术及政策制定提供了重要的科技支撑。

中国科学院院士　王光谦

2016 年 9 月

总 序 二

近 50 年来全球气候变化及人类活动的加剧，影响了水循环诸要素的时空分布特征，增加了极端水文事件发生的概率，引发了一系列社会-环境-生态问题，如洪涝、干旱灾害频繁，水土流失加剧，生态环境恶化等。这些问题对于我国生态本底本就脆弱的西北地区而言更为严重，干旱缺水（水少）、洪涝灾害（水多）、水环境恶化（水脏）等严重影响着西部地区的区域发展，制约着西部地区作为"一带一路"国家战略桥头堡作用的发挥。

西部大开发水利要先行，开展以水为核心的水资源-水环境-水生态演变的多过程研究，揭示水利工程开发对区域生态环境影响的作用机理，提出水利工程开发的生态约束阈值及减缓措施，发展适用于我国西北旱区河流、湖库生态环境保护的理论与技术体系，确保区域生态系统健康及生态安全，既是水资源开发利用与环境规划管理范畴内的核心问题，又是实现我国西部地区社会经济、资源与环境协调发展的现实需求，同时也是对"把生态文明建设放在突出地位"重要指导思路的响应。

在此背景下，作为我国西部地区水利学科的重要科研基地，西北旱区生态水利工程省部共建国家重点实验室培育基地（西安理工大学）依托其在水利及生态环境保护方面的学科优势，汇集近年来主要研究成果，组织编纂了《西北旱区生态水利学术著作丛书》。该丛书兼顾理论基础研究与工程实际应用，对相关领域专业技术人员的工作起到了启发和引领作用，对丰富生态水利工程学科内涵、推动生态水利工程领域的科技创新具有重要指导意义。

在发展水利事业的同时，保护好生态环境，是历史赋予我们的重任。生态水利工程作为一个新的交叉学科，相关研究尚处于起步阶段，期望以此丛书的出版为契机，促使更多的年轻学者发挥其聪明才智，为生态水利工程学科的完善、提升做出自己应有的贡献。

中国工程院院士

2016 年 9 月

总　序　三

　　我国西北干旱地区地域辽阔、自然条件复杂、气候条件差异显著、地貌类型多样，是生态环境最为脆弱的区域。20 世纪 80 年代以来，随着经济的快速发展，生态环境承载负荷加大，遭受的破坏亦日趋严重，由此导致各类自然灾害呈现分布渐广、频次显增、危害趋重的发展态势。生态环境问题已成为制约西北旱区社会经济可持续发展的主要因素之一。

　　水是生态环境存在与发展的基础，以水为核心的生态问题是环境变化的主要原因。西北干旱生态脆弱区由于地理条件特殊，资源性缺水及其时空分布不均的问题同时存在，加之水土流失严重导致水体含沙量高，对种类繁多的污染物具有显著的吸附作用。多重矛盾的叠加，使得西北旱区面临的水问题更为突出，急需在相关理论、方法及技术上有所突破。

　　长期以来，在解决如上述水问题方面，通常是从传统水利工程的逻辑出发，以人类自身的需求为中心，忽略甚至破坏了原有生态系统的固有服务功能，对环境造成了不可逆的损伤。老子曰"人法地，地法天，天法道，道法自然"，水利工程的发展绝不应仅是工程理论及技术的突破与创新，而应调整以人为中心的思维与态度，遵循顺其自然而成其所以然之规律，实现由传统水利向以生态水利为代表的现代水利、可持续发展水利的转变。

　　西北旱区生态水利工程省部共建国家重点实验室培育基地（西安理工大学）从其自身建设实践出发，立足于西北旱区，围绕旱区生态水文、旱区水土资源利用、旱区环境水利及旱区生态水工程四个主旨研究方向，历时两年筹备，组织编纂了《西北旱区生态水利学术著作丛书》。

　　该丛书面向推进生态文明建设和构筑生态安全屏障、保障生态安全的国家需求，瞄准生态水利工程学科前沿，集成了重点实验室相关研究人员近年来在生态水利研究领域内取得的主要成果。这些成果既关注科学问题的辨识、机理的阐述，又不失在工程实践应用中的推广，对推动我国生态水利工程领域的科技创新，服务区域社会经济与生态环境保护协调发展具有重要的意义。

中国工程院院士

2016 年 9 月

前　言

　　我国是一个人口大国，保障粮食安全是实现社会经济可持续发展的基础。西北地区土地面积大，光热资源丰富，是我国重要粮食产地。但水资源短缺严重制约农业发展，发展节水农业是缓解水资源供需矛盾的重要内容。近年来，黄土高原旱作塬区年平均气温逐渐升高，干旱出现的次数增多、程度增大，且干旱发生时肥料利用率也随之降低，致使作物产量在水肥共同制约下波动较大。在黄土高原旱作塬区实施补充灌溉，是农业稳产高效的主要措施。但由于可用于灌溉的水资源数量有限，在现有水分条件下，通过合理施肥，充分发挥肥料和水分的功效，对于提高农业生产的经济效益和生态效益，保证半干旱区农业的可持续发展具有重要意义。

　　甘肃省是我国重要的商品粮基地，小麦是该地区仅次于玉米的主要粮食作物。甘肃省土地面积大，但水资源严重短缺，荒漠绿洲灌溉农业成为该地区有别于其他湿润、半湿润地区农业的一大特色。但近几十年来，由于该地区绿洲面积不断扩大，人类的生活用水、生产用水和农业用水量等不断加大，特别是黑河中游地区灌溉农业的大力发展，导致该地区湖泊干涸，地下水位下降，夏季用水高峰期河道断流，沙漠化严重，生态环境日益恶化。实现黑河中游绿洲区农业水资源的高效利用，成为缓解该地区水资源供需矛盾的重要手段。

　　2006 年开始，课题组在国家自然科学基金、中国科学院"百人计划"择优项目，以及国家"973 计划"项目资助下，采取试验研究与理论分析、模拟模型相结合方法，在陕西省长武县、甘肃省张掖市等地围绕旱区小麦节水灌溉和水肥高效利用开展深入研究工作。研究系统分析了水分和养分对小麦光合特征的影响，阐明了不同灌溉方式下冬春小麦耗水特征和水分利用效率，以及水肥耦合与冬小麦生长和产量关系，明确了覆盖方式对春小麦生长和水分利用效率的影响，构建了小麦株高、叶面积指数和生物量增长数学模型，并对 AquaCrop 模型模拟分析春冬小麦生长和耗水过程适应性进行了评价，提出了黄土旱塬区冬小麦优化施肥管理模式。全书共 8 章，前言由王全九撰写；第 1 章、第 3 章和第 4 章由王全九、付秋萍、马莉、王翔翔撰写；第 2 章由王全九、沈新磊、马莉撰写；第 5 章由王全九、付秋萍、王翔翔撰写；第 6 章由王全九、马莉撰写；第 7 章由王全九、马莉、王翔翔、单鱼洋撰写；第 8 章由王全九、王翔翔撰写。全书由王全九、付秋萍和单鱼洋统稿，并由王全九最后审定。

　　本书系统总结了课题组有关旱区小麦生长与水肥调控方面研究成果。在研究过程中得到众多单位、领导、专家和同仁的大力指导、支持和帮助，在此表示最真诚的感谢。衷心感谢中国科学院水利部水土保持研究所长武农业生态试验站和中国科学院临泽内陆河流域研究站提供试验场地。感谢中国科学院邵明安研究员、张佳宝研究员和刘文兆研究员，在研究经费、项目实施等方面给予的大力支持，感谢李玉山研究员在项目实施和模型参数确定方面给予的悉心指导。特别感谢中国科学院水土保持研究所樊军研究员在试验场地选择、设备研制和项目实施过程给予的大力支持和帮助，感谢土壤侵蚀与旱地农业国家重点实验室各位同仁在样品分析与测定和试验过程中给予的的大力支持和帮助。衷心感谢参加项目研究的各位研究生和工作人员，他们艰辛努力的工作使作者顺利完成了研究任务，并提出了适应旱区农业生产水肥调控模式和小麦生长模型，为现代农业发展做出了应有的贡献。

　　由于作者水平、时间等各方面的限制，对相关问题研究有待进一步深化和完善，书中不足之处在所难免，恳请读者批评指正。

作　者
2017 年 2 月

目　　录

第1章 绪 论

1.1 研究背景

我国是一个人口大国，存在严重水资源短缺问题，实现农业高效用水是保障粮食安全、水安全的重要途径之一。我国西北地区土地面积大、光热资源丰富，是重要的粮食基地。但水资源短缺、降水时空分布不均匀等问题严重制约西北地区农业发展，因此发展节水农业和提高水肥利用效率，是实现该地区农业可持续发展的必由之路。

黄土高原旱作塬区横贯晋陕甘三省，土地总面积约为 $5.3 \times 10^4 km^2$，农耕地面积约为 $1.68 \times 10^6 hm^2$，主要的塬地包括陇中的白草塬，陇东的董志塬和早胜塬，渭北的长武塬和洛川塬，晋西的吉县塬和太德塬等。该地区海拔 600～1200m，年降水量 540～600mm，干燥度 1.3～1.5，属于半湿润易旱类型。黄土高原旱作塬区具有独具特色的黄土塬地生态系统，塬面地势广阔平坦，绵延数十千米，土层深厚肥沃，黄土堆积十几米到一百多米，是黄土高原重要的产粮区之一，也是我国以生产小麦为主的古老旱作农区。受地理位置和自然环境的影响，粮食生产主要依赖天然降水，导致粮食产量低而不稳。近年来，黄土塬区年平均气温逐渐升高，干旱出现的次数增多、程度增大，且干旱导致肥料利用率低，致使作物产量在水肥共同制约下波动较大。水分和养分是影响旱地农业生态系统生产力的主要因素，对作物生长具有协同效应。随着肥料投入的增加，作物生长需要的养分条件得以改善，土地生产力提高。但在高水平养分投入下，土地生产力的限制由肥力限制转为水分限制。大幅度增产效应只有在丰水年和平水年才能表现出来，而达不到高产稳产的目标。因此，研究水肥耦合互馈作用，揭示水分和养分相互作用机理，指导农业在无灌溉或补充灌溉条件下科学合理地使用肥料，提高肥料和水分的利用率，对于提升农业生产的经济效益和生态效益，保证半干旱区农业的可持续发展具有重要意义。

甘肃省水资源总量为 274.3 亿 m^3，占西北地区水资源总量的 12.3%，而耕地面积为 347.4 万 m^2，占西北地区耕地总面积的 30.3%。张掖市是甘肃省第二大城市，地处青藏高原向蒙古高原的过渡带上，属于黑河中游地区，水资源短缺是制约该地区农业发展的主要因素。黑河发源于祁连山北麓，是我国第二大内陆河，流经我国西北内陆青海、甘肃和内蒙古三省（自治区），流域面积约为 13 万 km^2，干流长约 821km，多年平均年径流总量约 24.5 亿 m^3，其中，水资源总量约

28.08 亿 m³。该地区属于大陆干旱气候，常年干旱少雨，河川径流 95%靠山地降水和积雪融水补给。农业生产与发展主要依靠河水与地下水的补给灌溉。因此，荒漠绿洲灌溉农业成为该地区有别于其他湿润、半湿润地区农业的一大特色。但近几十年来，由于该地区绿洲面积不断扩大，人类生活用水、工业用水、生态用水和农业用水量等不断增加，该地区出现湖泊干涸，地下水位下降，夏季用水高峰期河道断流，沙漠化严重，生态环境恶化等情况。要想解决该地区水资源短缺问题，必须提高黑河中游绿洲区水资源利用效率。因此，通过研究荒漠绿洲区春小麦的生长特征、耗水规律，建立相应的水分生产函数，确定适宜该地区土壤、气候条件下的最佳灌溉制度和种植模式，以期为荒漠绿洲区农田土壤水分利用效率和春小麦产量的提高提供科学的理论依据。

1.2 国内外相关研究现状

国内外学者围绕作物水分利用效率、作物需水和耗水量、水分生产函数和作物生长模拟模型等方面进行了大量研究，这些研究成果对指导农业生产和相关科学问题的深入研究发挥了重要作用。

1.2.1 作物水分利用效率研究

水分利用效率是评价植物生长适宜程度和生产效率的一个重要指标，人们对其认识经历了一个从宏观认识到微观深入探讨的过程，不同学者对其赋予不同的定义[1]。20 世纪初，Briggs 和 Shantz 等用需水量来表示水分利用效率，Tranquillini 把净光合速率与蒸腾速率之比称为蒸腾效率，用以表示水分利用效率[2]。Widtsoe 用蒸腾比率表示水分利用效率[3]。目前，将水分利用效率分为三个层次进行研究，即叶片水平上的水分利用效率、群体水平上的水分利用效率和产量水平上的水分利用效率[4]。广义上的水分利用效率是指消耗单位水所产生的同化物的质量，通常用产量和耗水量之比来表示，包括降水利用效率、灌溉水利用效率和作物水分利用效率[5]。狭义上的水分利用效率是指作物水分利用效率，它又可分为叶片水平上的水分利用效率和群体水平上的水分利用效率。叶片水平上的水分利用效率通常用净光合速率（P_n）和蒸腾速率（T_r）之比来表示；群体水平上的水分利用效率是指某一生育期内作物干物质积累量与同期内农田蒸散量之比[6]。

一些学者就水分利用效率与作物耗水量、产量的关系进行了大量研究，Kiziloglu 等研究半干旱地区亏缺灌溉对青贮料玉米的叶、茎、株高、产量和水分利用效率的影响，认为作物产量与蒸散量之间呈线性关系，充分灌溉条件下水分利用效率最高，干旱胁迫条件下的水分利用效率最低[7]。Kang 等研究结果表明，作物耗水量与产量或是水分利用效率之间呈二次曲线关系[8]。而 Jin 等认为过度灌溉会导致作物水分利用效率降低。相反，有效的亏缺灌溉会提高作物产量和水分利用效率[9]。陈尚谟研究认为，施肥量与水分利用效率是典型的二次抛物线关系，并据此得出玉米、谷子、大豆产量最高时的最佳施肥量及其水分利用效率[10]。刘海军等研究表明，喷灌灌水量为需水量的 83.8%、灌水定额为 45mm 时，冬小麦水分生产效率最大[11]。孔宏敏等在黄淮海平原的试验研究结果显示，随着施氮量的增加，小麦、玉米产量和水肥利用效率不断增加。当施氮量增加到 337.5kg/hm^2 时，水分利用效率达到极值[12]。Sun 等通过 1999～2002 年在栾城试验的分析，建立了灌溉量与产量、水分利用效率和灌溉水利用效率的关系，得出过度灌溉会导致冬小麦减产，降低水分利用效率[13]。王琦等对灌溉与施氮对黑河中游新垦沙地春小麦生长特性、耗水量及产量的影响研究结果表明，低灌处理与 221kg/hm^2 施氮是黑河中游边缘绿洲新垦沙地农田获得相对较高的经济产量与高水分利用效率的最佳组合[14]。解婷婷等对黑河中游绿洲边缘区，利用 Li-8100 土壤碳通量测定系统与改进的同化箱联合对田间条件下早熟陆地棉群体光合特性进行了研究，测定了净光合速率、蒸腾速率及水分利用效率[15]。周续莲等对不同灌水处理下春小麦水分利用效率和净光合速率进行研究，结果显示水分利用效率（water use efficiency，WUE）、净光合速率（P_n）、蒸腾速率（T_r）对不同水分处理的响应不同，WUE、P_n、T_r 在生育期变化和日变化中都呈现双峰曲线，适时灌水可以提高净光合速率和水分利用效率[16]。连彩云等通过分析 2006～2008 年河西灌区不同供水水平对玉米的耗水量、耗水规律与产量的影响，建立了各参数的数学模型。研究结果认为，玉米水分利用效率随着灌溉定额的增加，呈先增加后减小的变化趋势，最佳灌水量为 4800m^3/hm^2，由此提出在干旱绿洲灌区应按需供水[17]。Bierhuizen、Fischer、Farquhar 等相继建立了多种不同条件下的水分利用效率模型[18-20]。张正斌等建立了叶片细胞水平上的水分利用效率估算模型[21]。杨喜田将气象学与生理学结合，建立了叶片冠层水平的水分利用效率模型[22]。于沪宁等根据微气象学方法建立了水分利用模型[23]。

　　一些学者在水分利用效率的形成机理方面开展了大量研究，取得了大量的成果。Nobel 通过研究两种旱生和中生植物叶片解剖结构和单叶水分利用效率的关系，认为水分是通过细胞间隙和气孔由叶肉细胞壁表面蒸发进入大气的，而 CO_2 除以上途径，还要通过叶肉细胞壁、叶绿体膜以及光反应与暗反应等途径才能在光合产物中固定；随着叶内同化表面与叶外蒸腾表面比率的增加，单叶水分利用效率增加。在土壤水分和湿度变化情况下，水分利用效率主要受气孔调节，因此用 CO_2 的细胞传导率和叶肉细胞壁面积与叶片表面积之比相乘来表示 CO_2 的叶肉传导率[24]。Richards 等通过对小麦根的形态学及水分利用的研究，发现春小麦根木质部传导阻力的增加可以减少作物生长的耗水量，提高作物水分利用效率[25]。Farquhar 等研究证明光合作用会影响碳同位素分馏，从而成为影响植物水分利用效率的主要影响因子[26]。Cowan 认为气孔导度对植物在获得 CO_2 和失去水分的调节中符合最优控制[27]。Farquhar 等假设叶片中 ^{13}C 与大气中固定的 ^{12}C 的比值，在水分利用效率较高的 C_3 植物中较大，并且证明了这种假设是成立的[28]。Korner 等认为温度和水分利用效率、植物 $\delta^{13}C$ 值存在负相关[29]，而 Loader 等的研究结果显示两者间存在正相关[30]。林伟宏认为 CO_2 浓度的升高直接影响作物水分利用效率[31]。张娟等针对 19 个不同抗旱性小麦品种，对干旱状态下的叶片水分利用效率与蒸腾速率、净光合速率、气孔导度、胞间 CO_2 浓度、水势、叶片温度等 12 个指标之间的关系进行了研究。结果表明，叶片净光合速率、蒸腾速率、气孔导度、胞间 CO_2 浓度、水势和叶片离体失水速率与叶片水分利用效率之间的关系密切，是瞬间和短时期叶片水分利用效率的直接影响因素；而叶片温度、叶片抗氧化酶活性、蜡质含量、相对含水量与叶片水分利用效率相关性不大[32]。王建林等对大豆、甘薯、花生、水稻、棉花、玉米、高粱和谷子 8 种作物的气体交换参数进行了研究。结果表明，CO_2 浓度倍增可以提高净光合速率和降低蒸腾速率，从而提高作物的水分利用效率，其中净光合速率贡献更大。C_3 比 C_4 作物的净光合速率和水分利用效率增幅大，C_3 作物净光合速率对水分利用效率的贡献大于 C_4 作物[33]。

　　以提高水分利用效率为目的，众多学者从耕作措施等方面进行了大量试验研究。在干旱半干旱地区，众多研究是通过耕种措施来增加土壤的蓄水能力，减少蒸发量，从而降低作物生长的需水量，达到提高水分利用效率的目的。耕种措施主要有采取秸秆覆盖、地膜覆盖、碎石覆盖以及使用保水剂等。1985 年，Modaihsh 等采用 0、2cm、6cm 厚度砂层覆盖来减少土面蒸发，提高作物水分利用效率。结果显示，6cm 厚度的砂层覆盖效果最为显著，砂子能够有效地抑制土面水分蒸发[34]。Kemper 等将砾石和沙土作为覆盖材料，减少水分蒸发量[35]。Li 等研究认为，地膜覆盖可以提高春小麦的土壤温度、增加地表湿度、增加小麦的分蘖数、小穗数和延长生育期，可提高春小麦营养生长时期的光合作用率和可溶性糖的含量，提高水分利用效率[36]。赵聚宝等通过试验研究表明，秸秆覆盖可以抑制土壤水分的无效蒸发，提高作物的水分利用效率[37]。Wang 等对 1984~1996 年栾城玉米轮作进行了研究，分析了这一区域灌水量、蒸散量、作物生长特征与水分利用效率之间的关系，并利用过程模型（WAVES）模拟了玉米和小麦的叶面积指数、蒸散量、土面蒸发量与植物蒸腾量之比，结果显示秸秆覆盖可以使土面蒸发减少 50%，在春小麦生育期内节约 80mm 水分[38]。赵兰坡认为秸秆覆盖后 0~30cm 土壤含水率比常规耕作高 1%~5%[39]。鲁向晖等在宁南山区进行秸秆覆盖对玉米水分利用效率影响的研究，与不覆盖处理相对比，秸秆覆盖可使春玉米产量和水分利用效率分别提高 3.5% 和 16.5%[40]，宋淑亚等对黄土高原南部旱塬区秸秆和地膜两种覆盖方式下玉米农田土壤水分动态、作物产量形成和水分利用效率进行试验研究，结果显示，与不覆盖相比，秸秆覆盖的玉米土壤储水量提高了 5.2%~8.4%，籽粒产量和水分利用效率分别降低了 7.8%和 3.5%；地膜覆盖下玉米地土壤储水量的差异不显著，但其籽粒产量和水分利用效率分别较对照提高了 14.1%、10.6%，因此认为地膜覆盖能更加有效地提高产量和水分利用效率[41]。

20 世纪 90 年代初期，有学者开展了作物水分利用效率在生理遗传育种的研究。Richards 通过大田试验和室内盆栽试验测定了小麦地上干物质累积量和水分利用效率，结果表明，在温室试验条件下，栽培六倍体小麦比二倍体、四倍体具有较高的水分利用效率[42]。张正斌也从作物遗传育种角度研究了抗旱节水型作物的生理特征[43]。董宝娣等通过田间不同灌溉处理试验研究了不同抗旱类型冬小麦品种、收获指数和群体水分利用效率对产量水分利用效率的影响差异[44]。

国内外学者对作物水分利用效率测定方法开展了大量研究工作，目前常用方法有直接测定法、光合气体交换法、稳定碳同位素法和替代指标法。

直接测定法是直接测定植物在长期生长过程中形成的生物量和耗水量，通常用消耗单位水所形成的作物产量来表示，计算公式为

$$WUE = Y / ET \tag{1.1}$$

式中，WUE 为水分利用效率，$kg/(hm^2 \cdot mm)$；Y 为作物的籽粒产量，kg/hm^2；ET 为作物耗水量，mm。

直接测定法多用于测定群体和个体水平的水分利用效率，但是群体的水分利用效率中土壤和作物水分含量难以准确测定，一般利用水量平衡法进行估算。水量平衡法是基于质量守恒原理，直接确定农田蒸散量的最常用的方法。水量平衡法的计算公式为[45]

$$ET = P + I + G - \Delta W - D - R \tag{1.2}$$

式中，ET 为作物耗水量，mm；P 为时段内的有效降水量，mm；I 为灌水量，mm；G 为地下水利用量，mm；ΔW 为时段始末土壤储水量之差，mm；D、R 分别为计算时段内排水量和地表径流量，mm。对于农田，P 和 I 可直接测定，在地下水埋藏较深的区域，G 一般可以忽略不计，而在地下水埋藏较浅的区域，G 可以借助测坑准确测定，在农田灌溉中，一般认为无径流，因此 D、R 可以忽略。其中

$$\Delta W = \sum_{i=1}^{n} z_i \left(W_{ij} - W_{i0} \right)$$

式中，z_i 为 i 层土层厚度，mm；W_{ij} 和 W_{i0} 为第 i 层土壤在计算时段始末的平均体积含水量，cm^3/cm^3。

土壤含水量的测定方法主要有烘干法、张力计法、电阻法、中子仪、时域反射仪法（time domain reflectometry，TDR）法、频域反射仪法（frequency domain reflectometry，FDR）法和遥感法[46]，其中 TDR 法的原理是根据土壤和水分的介电常数存在较大差值，利用电磁波沿导波探头在土壤介质中的传播并在其末端反射的时间得到土壤的介电常数，根据介电常数与土壤含水量之间的关系，通过测

量介电常数计算土壤含水量。TDR 技术是当前被普遍认可的一种测定精度较高、稳定性好、便于野外携带的土壤水分试验测定方法。

一般把叶片净光合速率与蒸腾速率之比称为叶片水平上的水分利用效率，也称为瞬时水分利用效率，它反映了作物瞬时气体交换过程的状态。Morgan 等将植株整体水平上的蒸腾速率用叶片水平上的蒸腾速率来估算[47]。瞬时水分利用效率的传统测定方法是利用便携红外气体分析仪测定作物单个叶片的净光合速率和气孔导度。近年来学者使用 LI-6400、LI-8100 光合仪测定植物叶片瞬时蒸腾速率，分析不同作物、树种在不同条件下的耗水特征，蒸腾强度日变化规律与环境影响因子的关系，以及与光合作用结合起来综合分析水分利用效率等。但是所测的值只能反映被测农作物在当时测定条件下瞬时的生理状况，很难用来解释作物生长过程的长期适应机理。

由于以叶片净光合速率与蒸腾速率之比表征的叶片水分利用效率，在测定时具有瞬时性，不能说明植物本身的水分利用特点，很难与植物最终生产力和 WUE 进行联系[48]，因此发展了稳定碳同位素法。稳定碳同位素组成（$\delta^{13}C$）可以用来测定植物的长期生长过程的平均水分利用效率。大量研究证明，稳定碳同位素法具有可靠性[49-52]。采用植物体内稳定碳同位素来指示植物长期水分利用效率，分析水分利用效率的变化特征以及 $\delta^{13}C$ 对气候环境因子的反应是目前生态学研究的热点问题[53-56]。此方法需要样本量少，且不受时间、地点和下垫面情况等条件的限制，测定方便。

以上几种研究方法在水分利用效率的研究中仍然存在一定问题。直接测定法与光合气体交换法费时费力，而稳定碳同位素法技术要求高，费用较大，因此研究者寻求其他的替代指标来研究水分利用效率。现在已有的替代指标包括灰分含量、比叶重以及 K、Si、N 浓度等[57-59]。李善家等通过对油松叶片的稳定碳同位素（$\delta^{13}C$）特征及其与灰分含量、含水量等生理指标的关系分析，认为油松叶片的稳定碳同位素（$\delta^{13}C$）与灰分含量呈显著正相关关系，灰分含量可以作为$\delta^{13}C$的替代指标[60]。Masle 等在小麦实验中证实比叶重与叶片水分利用效率呈正相关[61]。Johnson 等在高羊茅草上发现比叶重与叶片水分利用效率呈正相关[62]。

1.2.2　作物需水和耗水特征研究

1. 作物需水特征

水是一切生命活动的原料和媒介，是植物体的主要组成成分之一，水分直接影响植物生长发育过程。随着农业生产用水量不断增加，水资源不足的矛盾日益突出，对作物需水量的研究和估算，已成为研究热点问题。作物需水量是指在大面积上生长的无病虫害作物，土壤水分与肥力适宜，在给定的生长环境中能获得高产潜力条件下，为满足植株蒸腾与棵间蒸发、组成植株体的所有水量之和[63]。一般将旱作作物在正常生长发育条件下的植株蒸腾量和蒸发量之和作为作物需水量。影响作物需水量和需水规律的因素也是复杂多样的，主要包括作物自身特征、气象因素和土壤因素。不同土壤类型、土壤质地以及地下水埋深等对土壤含水量的影响不同，从而影响了作物的需水特性。气象因素主要是通过太阳辐射强度、气温、饱和度、风速等对近地面空气和土壤湿度的影响，而影响作物蒸发量和蒸腾量。作物自身的特征包括不同生长阶段株高与叶面积的大小不同，对水分的需求量也不同。众多关于水分利用效率的研究成果表明，要提高小麦的水分利用效率，达到节水灌溉与提高作物产量的目的，在掌握小麦的基本生理特征及耗水规律的基础上，要进行适时、合理的灌溉。因此，小麦需水规律研究也是众多学者在节水灌溉研究领域普遍关注的基础问题[64-67]。大多数研究认为，小麦需水量最大时期是拔节—抽穗期或抽穗—乳熟期。张岁歧等研究认为，底墒缺乏的情况下，春小麦的水分敏感期则出现在拔节期以前[68]。孙彦坤等研究认为，春小麦最大耗水量在三叶—拔节期，而拔节—开花期需水量则较少，主要由于三叶—拔节期植株较小，土面蒸发量大[69]。吴凯等认为冬小麦全生育期耗水量 482.5mm。将冬小麦全生育期水分消耗过程分为两个需水峰区和两个需水临界期，得出拔节期、抽穗期或灌浆期、冬灌期为三个关键灌水时期[70]。刘祖贵等研究认为，在春小麦拔节—孕穗期受旱对株高、叶面积和穗粒数影响最大，减产最大，其次是抽穗—开花期干旱；灌浆成熟期受旱主要影响千粒重，而在生长前期适度的水分胁迫不但对产量无显著影响，反而有利于提高春小麦水分利用效率[71]。张杰等根据张掖和额济纳旗近 20 年的气象资料，对黑河中游人工绿洲的主要粮食作物小麦、玉米的生态需水量进行了分析[72]。结果显示小麦、玉米需水高峰分别在 6 月中旬和 8 月中旬，其中在张掖春小麦生长发育阶段，生态需水量呈单峰型变化趋势，作物在抽穗—灌浆期，即 5 月上旬～6 月中旬，生态需水量达到最高，为 5.4～6.14mm/d，6 月中旬达到最大值 6.14mm/d。房全孝等通过测定抽穗—成熟期小麦冠层光合有效辐射（PAR）截获及垂直分布、干物质积累和产量，认为在拔节和挑旗期灌水 60mm 可获得较大的光能和水分利用效率及经济产量[73]。盛钰等通过对阜康绿洲农田进行田间灌水试验研究，认为冬小麦灌浆期受到重度水分胁迫时籽粒产量明显下降，而拔节期遭受轻度水分胁迫在恢复灌水后产量反而要高于其他处理[74]。郑海雷等通过对黑河地区绿洲生态条件下麦田生物气象若干特征的研究，分析了绿洲中麦田的微气候特征，结果显示土壤-植物-大气连续体（soil-plant-atmosphere continuum，SPAC）系统中水势随高度呈显著梯度分布，起伏顺序为大气>植物>土壤，说明水势变化受植物水分代谢进程直至气象因子的强烈影响和控制[75]。

　　蒸散发量是确定作物蓄水规律的主要指标，常用的确定蒸散发量的方法有鲍恩比-能量平衡（BREB）法、空气动力学方法、Penman-Monteith 公式法及涡度相关法等[76-78]。康绍忠以气温、日照时数和风速三个因素为参数，提出一个适用于我国北方干旱半干旱地区的经验公式，计算结果表明精度较为可靠[79]。在此基础上，根据热力学第一、第二定律，提出一个以温度和水汽压为参数的公式，经对山西、甘肃等省的研究分析表明，此法估算的相对误差一般很小，精度能够得到保证[80]。吴敬之等对黑河流域绿洲蒸发力的特征以及蒸发的计算方法等进行了研究[81]。吉喜斌等基于 Penman-Monteith 蒸散公式，应用 SPAC 系统水分和能量传输理论对 Shuttleworth-Wallace 蒸散模型的参数进行改进，得出计算农田作物蒸腾和土壤蒸发的双源模型，并对黑河流域山前绿洲农田春小麦生长期土壤蒸发、作物蒸腾以及总蒸散过程进行了模拟研究[82]。吴锦奎等在黑河流域中游的张掖绿洲区建立了大田环境下的春小麦和夏玉米间作农田能水平衡研究观测点以及制种玉米农田蒸散研究观测点，以气象观测资料为基础，采用 BREB 法和参考作物蒸散量−作物系数法（ET_0-K_c）对作物的蒸散发量进行了计算[83,84]。金晓媚等将水文数据与遥感数据相结合，对张掖盆地 1990～2004 年的区域蒸散发量进行了估算，评价了区域蒸散的年际变化规律。结果显示，张掖盆地的区域蒸散发量呈逐年升高的趋势，这种增长趋势与黑河中游莺落峡、正义峡间的耗水量增加，张掖地区人口、GDP 的增长，以及农田用地的增加有着良好的相关性[85]。

2. 作物需水量的确定方法

作物需水量的确定方法主要包括水文学方法、微气象学法、植物生理学法、红外遥感法和光合仪测定法。

水文学方法主要包括水量平衡法和蒸渗仪法。水量平衡法是基于质量守恒原理，直接测定农田蒸散发量的最常用方法。水量平衡法原理简单，便于操作，主要用于试验小区内的作物需水量估算，在大面积上应用则测量精度低，适用范围受限，需要进行长时间段的反复测定与计算[86]。由于水量平衡法很难测出田间水分运动的深层渗漏或径流量，需要采用蒸渗仪来精确测定由灌溉、降水和作物蒸发蒸腾所引起的土壤含水量变化。目前蒸渗仪主要有大型蒸渗仪和微型蒸渗仪（Micro-lysimeter）。大型蒸渗仪具有高分辨率和高精度的称重系统与数据采集记录系统，测量精度可达 0.01～0.02mm，经常用来校准其他蒸散发量测定结果，但是价格昂贵和体积庞大使其应用具有一定的局限性。微型蒸渗仪则价格低廉，且便于使用，因此经常被用来测定棵间蒸发[87]。国内外许多学者相继使用微型蒸渗仪测定裸露土壤或作物冠层下土壤蒸发，以区分农田土壤蒸发和作物蒸腾[88]。

随着计算机技术、自动化数据采集技术、日益改进的运算系统以及气象仪器的不断发展，微气象学法已成为较为常见的蒸散测定方法。其基本原理是根据微气象因子模拟研究作物蒸散量。主要包括 BREB 法、空气动力学法、能量平衡和空气动力学联合公式法和涡度相关法等[89-92]。BREB 法通过测量不同高度间空气温度与水汽压差计算获得蒸散量数据，该方法物理意义明确，计算方法简单，系统准确性较高，但是该方法要求具有大而平坦均匀的下垫面，通常难以满足。空气动力学法是依据蒸发蒸腾过程与汽化潜热的能量消耗有关，依照能量平衡或空气动力学原理估算出作物需水量，该方法测定项目相对复杂，难以控制且很难保证很多参数的精度。涡度相关法是利用湍流输送量，通过直接测定潜热通量计算得到实际蒸散量，该方法测量精度较高，但是技术复杂，仪器设备较为昂贵。

植物生理学法是通过直接测定植物的蒸腾量来确定作物需水量的一种方法。根据测量尺度不同，可分为快速称重法、气孔计法、同位素示踪法以及风室法等[93-97]。植物生理学法主要通过典型天气条件下，测量植株部分或整体的蒸腾强度来推算整体在某一段时间内的蒸腾量。传统的剪枝快速称重法在试验过程中改变了植物生理状况，测定存在系统误差，影响测量准确度。气孔计法是通过气孔计来直接测定蒸腾速率。风室法因风调室内的气候与自然的小气候有一定差别，因此其研究结果只具有相对的比较测定结果意义。虽然同位素示踪法操作容易，但因样本的代表性问题，难以准确地利用单株或几株植物推算大面积林地的蒸散量。总之，植物生理学法测量过程简单、结果准确，但测量结果受气象条件影响，常存在由部分向整体、由单株向群体推求过程中尺度转换的问题。

红外遥感法是一种依据能量平衡原理来估算农作物需水量的方法。该方法一般通过卫星或飞机的高精度辐射探头，在遥远的高空遥测地表温度和地表光谱反射率等参数，结合地面气象、土壤、植被等要素来估计土壤水的腾发量[98]。红外遥感法既可用于田间测定，又适用于大面积范围测定，是唯一有效经济测定较大区域和全球陆面蒸发的新技术[99]。一些学者试图把地面反射率、地面温度、土壤水分、地面覆盖状态、地面糙率和风速等遥感资料运用于确定蒸发。随着"3S"技术在各学科中的应用，红外遥感法在作物蒸发蒸腾量的研究中的应用使其在区域尺度上显示了优越性，但由于其使用费用非常高，且受到天气条件的限制，该方法不适合在小尺度范围测定，因此目前在设施农业中并不适用[100]。

光合仪测定法通常用来测定植物叶片瞬时蒸腾速率，分析作物在不同条件下的耗水特征，如光照强度、土壤湿度、大气温度和大气 CO_2 浓度等，从蒸腾强度日变化规律与环境影响因子关系的角度，与光合作用结合起来综合分析作物的水分利用效率。

3. 作物水分生产函数研究

作物水分-产量模型（水分生产函数）是进行合理灌溉和有限水资源优化调配的基础。针对旱作物的水分生产函数，王仰仁等围绕冬小麦非充分灌溉试验，以 Jensen 模型为基础，对冬小麦水分敏感指标累积曲线参数和敏感指数累积函数进行了研究[101]。丛振涛等对 Jensen 模型水分敏感指标的解法进行了研究[102]。梁银丽等通过田间试验，采用 Jensen 模型，研究了黄土旱区冬小麦、春玉米的作物-水分模型，并指出小麦、玉米对水分最敏感的生育阶段[103]。罗玉峰等用高斯-牛顿法代替最小二乘法求解 Jensen 模型参数，得到逼近无偏估计参数[104]。杜新艳应用冬小麦的不同灌水处理下的耗水量计算结果及对应的籽粒产量的试验资料，分别用 Jensen 模型、Minhas 模型、Blank 模型、Stewart 模型对冬小麦的水分生产函数进行了拟合，并对得出的模型结果进行了比较分析[105]。杜尧东等通过分析春小麦各生育阶段的水分敏感指数及其生产函数计算方法，提出采用运筹学和系统分析方法进行不同含水量和生育期最优灌溉水量分配决策[106]。

　　目前采用的作物水分-产量模型有两大类：一是作物全生育期水分生产函数模型；二是作物各生育阶段水分生产函数模型[107]。第一类模型一般结构简单，使用方便，有利于从数量角度研究水量投入的生产效率，在宏观经济分析中得到广泛应用。但是由于在作物不同生育阶段缺水对产量的影响不同，因此第一类模型不能反映这一事实。第二类模型不仅表明了水分供应量，而且表明了水分供应时间对作物产量的影响[108]，在我国这类模型最常用的形式主要有相加（Blank）模式和相乘（Jensen）模式。一般认为相乘模式对构成产量的目标反应比相加模式更敏感、更符合实际。从静态和动态两种生产函数模型对水肥耦合效应进行分析，不仅可以从总体把握水分对作物生长的影响，而且可以了解作物各个关键生育期作物需水规律，为合理的水肥调控提供指导与技术支持。

1.2.3　水肥耦合对作物生长及产量的影响研究

　　水分和养分既是影响旱地农业生产的主要胁迫因子，又是一对联因互补、互相作用的因子[109]，水分可以提高养分有效性[110]，养分可以增加水分利用效率[111,112]。Viets 指出，由于水分有效性影响着土壤微生物、物理以及植物生理过程，因此土壤水分和养分之间的关系密切而复杂[113]。施肥效果与旱地降水密切相关，不同的"干、湿交替"条件导致施肥效果差异明显。在过分干旱的条件下施肥效果不显著，但在分散性干旱条件下施肥对作物的产量有显著影响[114]。戴庆林等发现冬小麦生育期降水量少于 109mm 时，施氮肥、磷肥效果不明显[115]。Shimshi指出，水分和氮素对植物生产的共同作用可以用李比希的最低因子定律求出近似值[116]。把水分限制下的作物生物量（Y_W）与氮素限制下的作物生物量（Y_N）加以对比，降水量低于 200mm 时，$Y_W < Y_N$，作物的生物量主要受水分供应的限制；降水量在 200～400mm 时，$Y_W > Y_N$，作物的生物量主要受氮素供应的限制。

　　大量研究认为，水肥之间的交互作用除了与土壤水分状况以及与之相适应的肥料用量有关之外，还与土壤肥力以及作物不同生育阶段的需水需肥规律有密切关系。李生秀等在陕西澄城县的红垆土上对冬小麦进行了较为系统的对比试验研究[117]。结果表明，低肥力田块增大施肥量能使作物产量成倍提高，而水分的增产效果不显著；高肥力田块施肥的增产效果明显降低，施肥与灌水效果接近，且灌水与施肥对产量有耦联效应。程宪国等研究了不同水分条件下氮素对冬小麦生长发育及产量的影响[118]。结果显示，若水分缺乏，养分的截获、质流和扩散均受到抑制，加剧了作物生长过程中的营养不良状况；若养分不足，作物生长缓慢，水分作用也不能充分利用。小麦对氮、磷的吸收量随土壤含水量的增加而增加；土壤相对含水量在 54%～67%时水肥交互作用属李比希协同作用类型；土壤相对含水量达 80%时水肥交互作用则转变为顺序加和性类型[119]。同时，翟丙年等通过模拟试验研究发现，冬小麦越冬期施氮与土壤含水量的交互作用比苗期施氮与土壤含水量的交互作用显著[120]。

许多研究均显示，增加化肥使用量会显著提高作物产量，并且不同肥料、肥料用量及肥料搭配对作物生长及产量等影响不同[121-125]。施肥量在一定范围内，作物产量随施用量增加而增加，但化肥用量超过一定值，产量反而会下降。不同肥料对作物产量的影响不同。研究表明，氮肥对穗粒数增加有显著促进作用；磷肥对小麦分蘖、成穗数和千粒重有显著促进作用。张淑香等研究认为，有机肥料养分完全，但氮磷养分比例不协调，难以满足作物对养分的正常需求[126]。有机肥料和氮肥配合既能提高氮肥的肥效，又能提高有机肥料的肥效。但有机肥料和磷肥配合以后，有机肥料和磷肥中的磷素都难以充分发挥作用，肥效相应降低。水肥及其耦合作用均显著影响作物生长及产量形成，前人对不同水肥条件对小麦生长的影响进行了大量研究。研究表明，关键时期灌溉对实现小麦高产非常重要；另外，水分胁迫会影响施肥的效果，进而对植物生长发育和产量产生不利影响[126]。梁银丽研究表明，在水分胁迫下，氮、磷施用量对小麦产量的影响呈抛物线形分布，随水分胁迫加剧，施氮效果逐渐降低，而施磷肥的效应增大，因此在水分胁迫下增施磷肥可缓解干旱[127]。刘文兆等通过作物水分生产弹性系数说明了产量、耗水量、水分利用效率间的内在联系，给出了旱作雨水利用效率的统一性表达式，揭示了确定农田灌溉定额的三种优化目标间的内在联系及其使用条件，探讨了作物水肥优化耦合区域及其几何特征[128-130]。李开元等[131]和李向民等[132]研究表明，限制黄土高原沟壑区作物产量的最主要因素是养分供应而不是水分。施肥对冬小麦的经济性状有明显的正效应；而只有在施肥的条件下，灌水才有正效应，否则，灌水反而有负作用。钟良平等研究表明，生产力水平较低时，肥是首要限制因子，随着化肥投入的增加和生产力水平的提高，水分因子逐渐转化成为首要限制因子，并提出化肥和地膜覆盖栽培是黄土高原沟壑区生产力跃升和稳定的主要驱动力[133]。

施肥可明显促进冬小麦根系生长，扩大觅水空间，增加蒸腾量，减少蒸发量，提高作物水分利用效率。张岁岐等认为，合理的氮、磷、钾营养在一定程度上均可以改善作物的水分状况，提高作物的渗透调节和气孔调节能力，提高净光合速率和单叶及群体的水分利用效率[134]。有研究表明,旱地农田增施肥料可以提高作物的水分利用效率和底墒利用率,特别是增施氮肥是重要措施之一,水分利用效率与氮肥用量呈直线关系;底墒利用率与氮肥用量呈二次抛物线关系。在旱地条件下随降水量的增加,肥料生产效率提高,而随施肥量的增加,水分利用效率也相应提高。李生秀等的研究表明,施氮区与无氮区相比,消耗的土壤水分无明显区别,但由于施肥区显著增产,水分的利用效率明显提高[135]。李裕元等试验表明,施肥对麦田土壤水分动态变化的影响较小,但可以显著提高小麦的产量和水分利用效率[136]。黄明丽等研究了氮磷对旱地小麦生理过程的影响,结果表明在严重水分胁迫时,施磷提高了小麦的产量和水分利用效率;而在轻度水分胁迫下,施用氮素的效果较好[137]。戴武刚等对辽西低山丘陵区集流聚肥梯田土壤水分的动态变化规律进行研究后得出,梯田玉米产量与生育期内 0～30cm 土层内土壤含水量呈二次抛物线的关系[138]。

1.2.4　作物生长模型 AquaCrop 的应用

目前,国外对 AquaCrop 模型的开发和应用研究较多,内容涉及模型评估、模块设计开发、参数调整及验证以及模拟应用等。Steduto 等对模型进行了综述,并详细介绍了模型的框架结构[139]。Raes 等对模型的运行机理进行了较为详细的阐述,并介绍了该模型的应用软件[140]。Heng 等介绍了模型参数化过程并对 AquaCrop 模型中的玉米模块进行了校准[141]。Abedinpour 等利用 AquaCrop 模型对不同灌水和施氮处理的玉米进行预测分析,结果显示其预测水分生产力的误差为 2.35%～27.5%[142]。AquaCrop 模型预测不同灌水和施氮处理的玉米产量达到可接受的精度。Geerts 等在加利福尼亚对充分灌溉和雨养条件下的玉米进行了模拟,充分灌溉条件下玉米产量的模拟误差为 6.58%,生物量为 5.26%;雨养条件下玉米产量模拟误差为 0.07%,生物量为 17.1%[143]。Farahani 等在地中海北部叙利亚通过棉花灌溉试验对 AquaCrop 模型的参数进行了调试,并对模型进行了测试,结果表明模型参数必须根据不同的地点、气候、土壤、品种、灌溉方法和田间管理进行校准测试[144]。

Geerts 等在玻利维亚高原通过田间试验控制藜不同生育阶段的水分胁迫,对 AquaCrop 模型的模拟作物藜进行校准和验证[145]。试验表明,开花后收获指数遵循缓慢上升的曲线阶段、线性上升阶段和达最大值后的稳定阶段的过程,获得实测值与模拟值的相关性。同时指出校准后的 AquaCrop 模型可以进行情景分析,如亏缺灌溉在不同的环境条件的影响。Heng 等在得克萨斯州的灌木丛、佛罗里达的盖恩斯维尔和西班牙的萨拉戈萨分别进行了大豆试验,并对 AquaCrop 模型进行校对和验证,取得了一定效果[141]。Todorovic 等应用 AquaCrop 模型模拟向日葵生产力情形,并与 Cropsyst、WOFOST 模型的模拟结果进行对比分析,结果表明,虽然 AquaCrop 模型所需参数较少，但其模拟结果与上述两个模型的结果相差不大[146]。

国内对该模型也进行了评估分析，项艳以华北平原的夏玉米为对象，探讨该模型在华北地区的适用性[147]。结果显示，AquaCrop 模型在模拟夏玉米冠层生长、土壤水分平衡、夏玉米生产力及水分利用效率方面具有较好的准确性，因此将其应用于华北地区夏玉米生产力模拟是可行的。李会等在中国水利水电科学研究院大兴试验站进行了夏玉米水分处理试验，对模型进行了验证，并在此基础上对模型参数进行了敏感性分析[148]。结果表明，AquaCrop 模型能够较好地模拟夏玉米的产量、生物量、冠层覆盖度及土壤水分的动态变化，产量和生物量模拟值和实测值的相对误差为 0%～15.6%。说明模型在该区的适用性良好，具有广阔的发展前景。杜文勇等以华北地区冬小麦为研究对象，将 AquaCrop 作物生长模型应用到滴灌、喷灌和漫灌中，对模型主要参数如气象、土壤和作物特性等进行调整，并对作物产量和生物量模拟的有效方法进行了研究[149]。模拟结果表明，产量和收获时地上生物量的模拟值与实测值较为接近且略高于实测值，模型性能指数均高于 0.95。产量模拟效果优于生物量，滴灌模拟效果最好。

1.3　研究内容与试验方法

1.3.1　研究内容

本书主要采用室内外试验与模型模拟相结合方法，阐明黄土旱塬区冬小麦水肥耦合作用机制、补充灌溉在提高水肥利用效率方面功效，以及甘肃省沙漠绿洲春小麦生长及水分利用效率和覆盖条件下提高水分利用效率方面的功效，明确小麦生长规律和水肥利用效率，建立相应的作物生长模型。同时对现有模型进行评估，并利用模型优化冬小麦水肥管理模式。

1.3.2　试验方法

为了研究冬春小麦生长特征与水肥利用效率，春小麦田间灌溉试验是在中国科学院西北生态环境资源研究院临泽内陆河流域研究站进行，冬小麦田间水肥耦合试验是在中国科学院水利部水土保持研究所长武黄土高原农业生态试验站进行。

1.　冬小麦水肥耦合试验内容与方法

该试验于中国科学院水利部水土保持研究所长武黄土高原农业生态试验站进行。试验站位于陕西省长武县西 12km 陕甘分界处陕西省长武县洪家镇王东村，地处东经 107°40′30″，北纬 35°12′～35°16′，海拔 1200m，属暖温带半湿润大陆性季风气候，年均降水量 584mm，年均气温 9.1℃，大于等于 10℃ 的积温 3029℃，年日照时数 2226.5h，多年平均无霜期 171d。地下水埋深 50～80m，属典型旱作农业区。该地区土壤属黏钙黑垆土，系统分类名为简育干润均腐土（Hap-Ustic Isohumisol），是黄土旱塬区代表性土壤。试验所需气象资料由离试验田 100m 的小气象站测定。图 1.1 所示为试验区内 2006～2012 年降水量与参考蒸散量。

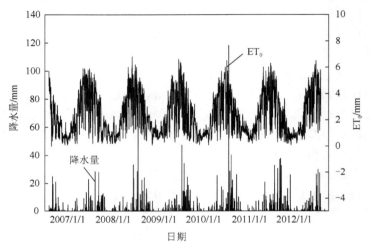

图 1.1　2006～2012 年日降水量和参考蒸散量

1）田间试验内容

本试验为连续冬小麦水肥试验，试验时间为 2006 年 9 月～2012 年 7 月。试验设水分和氮肥两个因素，补充灌水量和施氮量各设 6 个水平，氮肥为尿素，施氮量分别为 0、75kg/hm^2、150kg/hm^2、225kg/hm^2、300kg/hm^2 和 375kg/hm^2，分别以 N0、N1、N2、N3、N4 和 N5 表示，按照当地习惯，尿素作为底肥一次性施入。灌水量分别为 0、75mm、150mm、225mm、300mm 和 375mm，以 W0、W1、W2、W3、W4 和 W5 表示，灌水分越冬期、返青期、拔节期、抽穗期和灌浆期五个时期进行。试验采取不完全设计，随机排列，每处理设 3 个重复，共 108 个小区，小区面积为 4m×4m。小区边埂宽 40cm，高 10cm；各小区间用 1m 的保护行隔开，并在每个小区周围设置 40cm 深的聚氯乙烯板，以避免小区间水分、养分侧渗影响。试验地周围均设置超过 1m 宽的保护行。灌溉时用水表严格控制水量。具体方案见表 1.1。供试小麦品种为该地区常用品种长旱 58，采用人工等行播种，行距 20cm，播量 150kg/hm^2。各小区 P$_2$O$_5$ 施量 120kg/hm^2，于翻地前与氮肥一次性撒施于地表翻入地下。

表 1.1 冬小麦田间试验方案

灌水处理	氮肥处理						生育期灌水处理/mm					
	N0	N1	N2	N3	N4	N5	越冬期	返青期	拔节期	抽穗期	灌浆期	全生育期
W0	W0N0	W0N1	W0N2	W0N3	W0N4	W0N5	0	0	0	0	0	0
W1	W1N0	W1N1	W1N2	W1N3	W1N4	W1N5	75	0	0	0	0	75
W2	W2N0	W2N1	W2N2	W2N3	W2N4	W2N5	75	75	0	0	0	150
W3	W3N0	W3N1	W3N2	W3N3	W3N4	W3N5	75	75	75	0	0	225
W4	W4N0	W4N1	W4N2	W4N3	W4N4	W4N5	75	75	75	75	0	300
W5	W5N0	W5N1	W5N2	W5N3	W5N4	W5N5	75	75	75	75	75	375

2）试验监测指标与监测方法

试验前试验地土壤基本参数及土壤剖面容重见表 1.2 和表 1.3。

表 1.2 土壤参数测定结果及方法

测定指标	测定值	测定方法
土壤质地（黏粒含量）	37.0%	激光粒度分析法
田间持水量（质量含水率）	23%	威尔科克斯法
凋萎系数（质量含水率）	9%	离心机法
pH（0～20cm）	8.2	电位法
有机质含量（0～20cm）	11.2g/kg	铬酸氧还滴定的外热源法
速效磷含量（0～20cm）	5.8mg/kg	碳酸氢钠法
速效钾含量（0～20cm）	172.6mg/kg	乙酸钠-火焰光度法
全氮含量（0～20cm）	0.89g/kg	开氏定氮法
碱解氮含量（0～20cm）	42.9mg/kg	扩散法

表 1.3 0～300cm 土壤剖面各土层土壤容重

土层深度/cm	土壤容重/（g/cm³）	土层深度/cm	土壤容重/（g/cm³）
0～10	1.228	100～120	1.269
10～20	1.383	120～140	1.259
20～30	1.359	140～160	1.251
30～40	1.370	160～180	1.276
40～50	1.437	180～200	1.291
50～60	1.397	200～220	1.281
60～70	1.345	220～240	1.32
70～80	1.277	240～260	1.321
80～90	1.350	260～280	1.306
90～100	1.256	280～300	1.303

（1）土壤剖面水分测定。按照冬小麦生育期测定土壤剖面土壤水分含量状况，分别于播前、越冬期、返青期、拔节期、抽穗期、灌浆期和收获后采用烘干法测定各小区 0～300cm 土壤剖面水分含量，其中 0～100cm 为每 10cm 一层采样，100～

300cm 为每 20cm 一层采样。使用预先装置好并经过平衡和校正的 TRIME-TDR 管式测量系统，每隔 10～15d 测定一次各小区 0～300cm 土层土壤含水量，测量时每 10cm 一层，以观测土壤水分状况。

（2）土壤剖面硝态氮测定。与烘干法测定土壤剖面含水量同步，采集 0～300cm 土层土样，其中 0～100cm 为每 10cm 一层采土，100～300cm 为每 20cm 一层采土，将每层土样混合均匀后装入自封袋中带回实验室于室温下风干，并过筛，制备为 1mm 土样。风干样经常规处理后，采用 1mol/L KCl 浸提（水土比 10∶1）和流动注射分析仪测定土壤硝态氮含量。

（3）作物株高和地上生物量测定。分别于冬小麦越冬期、返青期、拔节期、抽穗期、灌浆期和成熟期沿地面收割各小区非边行上长势均匀的 50cm 长度上的冬小麦地上部分，105℃杀青半小时，80℃烘干至恒重，用千分之一电子天平称重。采用卷尺测量冬小麦植株高度（从地面到生长点的长度）。

（4）作物叶面积和叶片叶绿素（SPAD）值测定。采用美国产 CI203 叶面积仪测定各生育时期冬小麦叶面积，用日本产手持式 SPAD-502 型叶绿素仪测定叶片叶绿素相对含量（每小区重复 3 次）。

（5）作物产量及产量构成的测定。收获前定点调查各处理穗数，小麦成熟时视各小区具体成熟情况单独收获，记录收获时间。收获时每小区取 20 穗，计算穗粒数，并于每小区中间收获 1m² 小麦，脱粒风干计产，并测定千粒重。

2. 春小麦灌溉试验内容与方法

试验是在中国科学院西北生态环境资源研究院临泽内陆河流域研究站（39°20′N、100°08′E、海拔 1382m）进行。该站位于甘肃省张掖市，河西走廊中段临泽县北部，绿洲外与巴丹吉林沙漠的南缘相接，属于黑河中游地区，为典型的沙漠绿洲，属干旱荒漠气候类型，降水量主要集中在七八月份，多年平均降水量为 116.8mm，而年蒸发量为 2390mm，年均气温 7.6℃，最高气温 39.1℃，年均风速为 3.2m/s，风沙活动集中在 3～5 月，干旱高温和多风是其主要气候特点。土壤母质为冲积-洪积物，地带性土壤为灰棕荒漠土、沙壤土及沙土。土壤含沙量大，孔隙度大，结构松散，保水效果较差。由于人类对绿洲区域的长期开垦、灌溉、耕种，形成了灌淤旱耕人为土，土壤肥力较低[114]。区域内土壤盐碱化和荒漠化较为严重。该区域的农业发展主要依赖于黑河水的灌溉，春季辅助地下水灌溉，常年地下水位平均为 4.2m。11 月～翌年 2 月地下水位 2～3m，3 月下旬开始下降，在 10 月上旬降到最低达 5.1m，10 月中旬地下水位开始回升。

在春小麦生育期内降水量主要集中于 6 月和 7 月，2012 年的降水量明显多于 2011 年的降水量。2011 年生育期内总降水量为 51mm，2012 年为 59.2mm。2011 年 6 月降水量为 18.6mm，7 月为 28mm，分别占全生育期的 36.47%和 54.9%；2012 年 6 月降水量为 36.0mm，7 月为 32.0mm，分别占全生育期的 60.81%和 54.05%。

1）土壤物理化学性质

（1）土壤剖面特征。土壤剖面由上至下可分为五层：第一层为 0～80cm，属于砂壤层，又可详细分为 3 个次层，分别为 A 层（0～15cm，属于土壤耕作层）、B 层（15～44cm，属于犁底层）和 C 层（44～80cm，属于砂黏土层）；第二层为 80～100cm，属于壤土层；第三层为 100～120cm，属于砂壤层；第四层为 120～165cm，属于壤土层；第五层在 165cm 以下，属于红色黏土层，结构紧实，在 170cm 土层中夹白色斑点。根系深度为 0～110cm。

（2）土壤颗粒组成分析。在播种前挖取 50cm 深度土壤剖面，以 10cm 为间隔采集土样和环刀样品。土样采集后风干，过 2mm 土筛，采用马尔文 2000 型激光粒度仪测定土壤机械组成，根据国际制分类标准确定颗粒组成。用环刀法测定并计算土壤容重和田间持水量。采用重铬酸钾氧化法测定土壤有机质含量。试验区土壤的基本理化性质见表 1.4。由表 1.4 可知，按照国际分类标准，试验区耕作层土壤分类属于砂壤土。土壤容重随深度有一定变化，单表层土壤容重变化幅度不大。

表 1.4 试验区土壤理化性质

各层土壤分类名称	剖面深度/cm	不同粒径颗粒组成/%			容重/（g/cm³）	田间持水量/%	有机质含量/（g/kg）
		砂粒 0.05～1mm	粉粒 0.01～0.5mm	黏粒 <0.001mm			
砂壤土	0～10	60.93	25.01	14.06	1.49	19.85	10.85
	10～20	51.18	31.11	17.71	1.53	20.42	13.00
	20～30	59.94	26.69	13.37	1.66	—	—
	30～40	59.05	26.12	14.83	1.63	—	—
	40～50	56.32	26.66	17.02	1.56	—	—
	50～60	61.86	23.33	14.81	1.59	—	—
	60～70	57.28	24.47	18.25	1.61	—	—
	70～80	53.20	28.03	18.77	1.56	—	—
壤土	80～90	52.12	29.17	18.71	1.46	—	—
	90～100	45.72	33.83	20.45	1.50	—	—
砂壤土	100～110	71.42	16.14	12.44	1.58	—	—
	110～120	80.01	10.86	9.13	1.46	—	—
壤土	120～140	32.23	44.87	22.90	1.39	—	—
	140～160	31.60	45.31	23.09	1.45	—	—
黏壤土	160～180	20.15	48.97	30.88	1.39	—	—
	180～200	15.34	53.61	31.05	1.39	—	—

（3）土壤水分特征曲线测定。土壤水分特征曲线通常被用来描述土壤含水量和土壤基质势之间关系，是衡量土壤基本水力特征的重要指标。土壤基质势与土壤吸力是相反关系（$\Phi_m = -S$），基质势一般条件下为负值，通常土壤特征曲线都用土壤吸力和含水量表示。在土壤剖面上分 7 层分别取原状土，带回实验室利用

恒温离心机测定不同压力值下的土壤含水量，结果如图 1.2 所示。在同一压力条件下，120～165cm 黏壤土层土壤含水量最高，而 165cm 以下土壤含水量次之，100～120cm 砂壤土层土壤含水量最低，且砂土的导水率大，因此这就在 120～165cm 形成一个隔水层。针对以上土壤剖面的水分特征曲线的特点，利用 RETC 软件对土壤水分特征曲线进行分析求出土壤物理参数，用来进行对土壤水分循环过程的模拟。

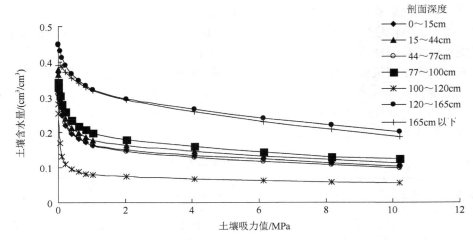

图 1.2　小麦田不同土层土壤水分特征曲线

（4）土壤饱和导水率测定。土壤饱和导水率是指土壤中水饱和时，单位水势梯度下单位时间内通过单位面积的水量，通常被用来反映土壤入渗能力和透水性能，是土壤水分运动重要参数。在室内，用环刀分层采取原状土，利用定水头法测定土壤饱和导水率。

（5）地下水位的变化。采用 6m 深的观测井对春小麦生育期内地下水位进行测定。如图 1.3 所示，2011 年整个生育期内平均地下水位为 4.06m，6 月为 3.4m，

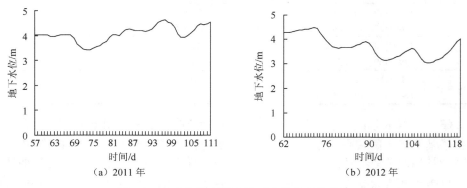

（a）2011 年　　　　　　　　　（b）2012 年

图 1.3　春小麦生育期内地下水位的变化趋势

7 月中旬下降到 4.6m，此时当地大量使用地下水进行农田灌溉。2012 年平均地下水位为 3.04m，5 月为 4.5m，7 月上升到 3.04m，2012 年在小麦生育期内地下水位一直处于上升趋势，这可能与当年的降水量增多有关。

2）田间管理

每年播种前 11 月进行冬灌，收获后进行深耕。生长期内进行定期除草及病虫害防治管理。

（1）试验材料与试验设计。供试春小麦品种为"1068"。此品种具有株高低、茎干较粗、抗倒性强且穗粒大的特点。为了研究灌水量与春小麦生长关系，试验设置 5 个不同灌水处理 W1、W2、W3、W4、W5 和 W0（无灌溉），其中 W3 为当地常规灌溉标准。每个处理设置 3 个重复，共设置了 18 个小区。每个小区面积 4m×5m=20m²。设置 4 个不同覆盖处理，石子覆盖（S）、塑料膜覆盖（B）、秸秆覆盖（M，300kg/hm²）和裸地（CK），每个处理设置 3 个重复，共设置 12 个小区。为了防止小区间侧渗，每个小区间埋设 1.2m 深塑料膜和油毡。分别于 2011 年 4 月 17 日和 2012 年 3 月 17 日进行人工播种。为了保证出苗，播种前灌水量均为 90mm，播量为 225kg/hm²，小麦行距 15cm，每小区 32 行。每个试验小区施肥量相同，其中施底肥磷酸二铵 170kg/hm²，硝酸铵 135kg/hm²，拔节期追施尿素 150kg/hm²。参照该区域有关春小麦需水量研究成果，本试验确定整个生育期 6 个处理的灌水量分别为 240mm、300mm、360mm、420mm、480mm、0，各处理都灌 4 次水，分别在拔节期、抽穗期、灌浆期和成熟期进行灌溉，具体灌水方案如表 1.5 和表 1.6 所示。整个生育期间降水量为 51mm。于 2011 年 7 月 26 日和 2012 年 7 月 10 日收获春小麦。

表 1.5　春小麦不同灌水量下灌水试验方案　　　　　（单位：mm）

灌水处理	灌水量				灌溉总量
	拔节期	抽穗期	灌浆期	成熟期	
W1	60	60	60	60	240
W2	75	75	75	75	300
W3	90	90	90	90	360
W4	105	105	105	105	420
W5	120	120	120	120	480
W0	0	0	0	0	0

表 1.6　春小麦不同覆盖处理灌水试验方案　　　　　（单位：mm）

覆盖处理	灌水量				灌溉总量
	拔节期	抽穗期	灌浆期	成熟期	
S	90	90	90	90	360
B	90	90	90	90	360
M	90	90	90	90	360
CK	90	90	90	90	360

　　（2）试验分析方法。为了研究春小麦株高、叶面积指数、生物量和产量等各项生理指标与灌水量响应关系，以便获得最佳的水分利用效率，在不同生育期内测定了株高、叶面积指数、生物量、土壤水分、降水量和籽粒产量等，具体测定方法如下。

　　春小麦株高的测定：分别在春小麦分蘖期（32d）、拔节期（41d）、抽穗期（56d）、灌浆期（69d）和成熟期（88d），每个处理随机选取 10 株小麦，用米尺测定小麦株高。

　　春小麦叶面积指数（leaf area index，LAI）的测定：用冠层分析仪测定春小麦叶面积指数。

　　春小麦地上生物量的测定：每个小区选取 30cm 距离上的小麦植株，利用割义法采集地上部分，在 105℃下杀青 30min，然后 80℃烘至质量恒定，测定其地上生物量。

　　春小麦地下生物量的测定：以 10cm 为间隔，利用内径为 8cm 根钻分别在春小麦行中和行间取 0～40cm 土层小麦的根系，在实验室进行冲洗杂质和泥土，然后烘干称重，获得地下生物量。

　　土面蒸发的测定：采用微型蒸发器（Micro-lysimeter）测定土壤棵间蒸发量。微型蒸发器用壁厚为 0.25cm 聚氯乙烯管制成，内筒高为 15.5cm，内径为 11cm，外筒高为 15.5cm，内径为 12cm。先将外筒固定于小麦行间的土壤中，埋设高度与地面持平。每次测定时利用内筒提取原状土，用塑料胶带封底，称重，放回外筒中。每天 19:00 用电子天平称重（精度 0.1g），每 3d 换一次土，并在灌水和降水后及时换土。

　　春小麦叶片光合特性的测定：采用 LI-6400 便携式光合仪对春小麦叶片光合与蒸腾日变化进行测定。在春小麦生长旺盛的时期，如拔节期、抽穗期、灌浆期、成熟期，选择晴朗天气进行测定。每个小区随机选取 3 株长势良好、上部完全展开的小麦叶片（旗叶）进行观测，每个叶片重复观测 3 次。采用开放式气路、内置人工光源[光合有效辐射为 1300μmol/（$m^2 \cdot s$）]，测定冬小麦最上部完全展开叶片（旗叶）的净光合速率（P_n）、蒸腾速率（T_r）、胞间 CO_2 浓度（C_i）、气孔导度（C_{ond}）和环境 CO_2 浓度（C_a）。观测时间为 8:00～18:00，每 2h 观测 1 次。根据 $WUE_{leaf}=P_n/T_r$ 计算叶片水平水分利用效率（WUE_{leaf}）。

　　光响应曲线的测定：选择晴朗的天气，观测时间为 8:00～13:00，每个小区随机选取 3 株长势良好、上部完全展开的小麦叶片（旗叶）进行观测，每个叶片重复观测 3 次。将 LI-6400 自带红蓝光源测定不同光合有效辐射（PAR）梯度下的小麦叶片净光合速率。光合有效辐射梯度从低到高依次为 0、20μmol/（$m^2 \cdot s$）、

50μmol/(m² · s)、80μmol/(m² · s)、100μmol/(m² · s)、200μmol/(m² · s)、400μmol/(m² · s)、600μmol/(m² · s)、800μmol/(m² · s)、1000μmol/(m² · s)、1200μmol/(m² · s)、1400μmol/(m² · s)、1600μmol/(m² · s)和2000μmol/(m² · s)，设备自动记录数据。

土壤剖面含水量的测定：在春小麦播种前、分蘖期、拔节期、灌浆期、成熟期和收获后采用 TDR 水分测定仪以 20cm 为间隔，测定 0～300cm 土体内各土层的土壤含水量。并在整个生育期内选取代表性的小区，采集 0～300cm 土层土壤样品，0～100cm 深度内间隔 10cm 采样。在 100～300cm 深度内间隔 20cm 采样，将每层采集的土壤样品混合均匀后装入铝盒，采用烘干法测定土壤质量含水量，然后根据容重换算成体积含水量。利用测定的体积含水量对 TDR 水分测定仪测定的土壤含水量进行校正。

成熟期春小麦籽粒产量的测定：春小麦成熟时，每个小区选取 1m² 的两个代表性样方，单独收割、晾晒，进行考种和测产。将晒干后的实测籽粒产量按 13% 籽粒含水量进行校正。

麦田小气候测定：使用微型自动气象站记录试验区太阳辐射、空气湿度和风速。

参 考 文 献

[1] XIE Z K, WANG Y J, LI F M. Effect of plastic mulching on soil water use and spring wheat yield in arid region of northwest China[J]. Agricultural Water Management, 2005, 75(1): 71-83.

[2] 拉斯卡托夫. 植物生理学(附微生物学原理)[M]. 张良诚, 万纯湘, 译. 北京: 科学出版社, 1960: 49-50.

[3] B. T.肖. 土壤物理条件与植物生长[M]. 冯兆林, 译. 北京: 科学出版社, 1965: 230.

[4] 王会肖, 刘昌明. 作物水分利用效率内涵及研究进展[J]. 水科学进展, 2000, 11(1): 99-104.

[5] 段爱旺. 水分利用效率的内涵及使用中需要注意的问题[J]. 灌溉排水学报, 2005, 24(1): 8-11.

[6] 王会肖, 蔡燕. 农田水分利用效率研究进展及调控途径[J]. 中国农业气象, 2008, 29(3): 272-276.

[7] KIZILOGLU F M, SAHIN U, KUSLU Y, et al. Determining water-yield relationship, water use efficiency, crop and pan coefficients for silage maize in a semiarid region[J]. Irrigation Science, 2009, 27(2):129-137.

[8] KANG S Z, ZHANG L, LIANG Y L, et al. Effects of limited irrigation on yield and water use efficiency of winter wheat in the Loess Plateau of China[J]. Agricultural Water Management, 2002, 55:203-216.

[9] JIN M G, ZHANG R Q, GAO Y F. Temporal and spatial soil water management: A case study in the Heilonggang region, PR China[J]. Agricultural Water Management, 1999, 42:173-187.

[10] 陈尚谟. 旱区施肥量与农田水分利用率关系的研究[J]. 中国农业气象, 1994, 15(4): 12-15.

[11] 刘海军, 龚时宏, 王广兴. 喷灌条件下冬小麦生长及耗水规律的研究[J]. 灌溉排水学报, 2000, 19(1): 26-29.

[12] 孔宏敏, 何圆球, 吴大付, 等. 长期施肥对红壤旱地作物产量和土壤肥力的影响[J]. 应用生态学报, 2004,

15(5): 782-786.

[13] SUN H Y, LIU C M, ZHANG X Y, et al. Effects of irrigation on water balance, yield and WUE of winter wheat in the North China Plain[J]. Agricultural Water Management, 2006, 85(1-2): 211-218.

[14] 王琦, 孙永胜, 王田涛, 等. 灌溉与施氮对黑河中游新垦沙地春小麦生长特性、耗水量及产量的影响[J].干旱区地理, 2009, 32(2): 241-247.

[15] 解婷婷, 苏培玺, 高松. 临泽绿洲边缘区棉花群体光合速率、蒸腾速率及水分利用效率[J]. 应用生态学报, 2010, (6): 1425-1431.

[16] 周续莲, 吴宏亮, 康建宏, 等. 不同灌水处理对春小麦水分利用率和光合速率的影响[J]. 农业科学研究, 2011, 32(4): 1-6.

[17] 连彩云, 马忠明, 曹诗瑜. 有限供水对河西绿洲灌区玉米耗水量及产量的影响[J]. 中国农村水利水电, 2013,1:55-60.

[18] BIERHUIZEN J F, SLATYER R O. Effects of atmospheric concentration of water vapor and CO_2 in determining transpiration photosynthesis relationships of cotton leaves[J]. Agricultural Meteorology, 1965, 2(4): 229-270.

[19] FISCHER R A. Growth and water limitation to dry land wheat yield in Australia: A physiological framework[J]. Journal of the Australian Institute of Agricultural Science, 1979, 45(2):83-94.

[20] FARQUHAR G D, OPLEARY M H, BENTP J A. On the relationship between carbon isotope discrimination and the intercellular carbon dioxide concentration in leaves[J]. Australian Journal of Plant Physiology, 1982, 9:121-137.

[21] 张正斌, 山仑. 小麦水分利用效率研究进展[J]. 生态农业研究, 1997, 5(3): 28-32.

[22] 杨喜田. 农田防护林对小麦水分利用效率的影响[J]. 河南农业大学报, 1991, 25(3): 333-338.

[23] 于沪宁, 刘萱. 麦田 CO_2 通量密度和水分利用效率研究[J]. 中国农业气象, 1990, 11(8): 18-22.

[24] NOBEL P S. Leaf anatomy and water use efficiency[J]. Adaptation of Plants to Water and High Temperature Stress, 1980:43-55.

[25] RICHARDS R A, PASSIOURA J B. Seminal root morphology and water use of wheat. II Genetic variation[J]. Crop Science, 1981, 21:253-255.

[26] FARQUHAR G D,O' LEARY M H , BERRY J A. On the relationship between carbon isotope discrimination and intercellular carbon dioxide concentration in leaves[J]. Australian Journal of Plant Physiology, 1982, 9(2): 121-137.

[27] COWAN I R. Regulation of water use in relation to carbon gain in higher plants[M]//LANGE O L, NOBEL P S, OSMOND C B, et al. Physiological Plant Ecology II. Encyclopedia of Plant Physiology, New Series, Vol12B. Berlin: Springer, 1982: 589-613.

[28] FARQUHAR G D, RICHARDS R A. Isotopic composition of plant carbon correlates with water-efficiency of wheat genotypes[J]. Functional plant Biology, 1984, 11(6):539-552.

[29] KORNER C H, FARQUHAR G D, ROKSAUDIC Z. A global survey of carbon isotope discrimination in plants from high altitude[J]. Oecologia, 1988, 74(4): 623-632.

[30] LOADER N J, SWTSUR V R, FIELD E M. High resolution stable isotope analysis of tree rings: Implications of "microdendroclimatology" for paleo environmental research[J]. Holocene, 1995, 5(4): 457-460.

[31] 林伟宏. 植物光合作用对大气 CO_2 浓度升高的反应[J]. 生态学报, 1998, 18(5): 529-538.

[32] 张娟, 张正斌, 谢惠民, 等. 小麦叶片水分利用效率及其相关生理性状的关系研究[J]. 作物学报, 2005, 31(12): 1593-1599.

[33] 王建林, 温学发, 赵风华, 等. CO_2 浓度倍增对 8 种作物叶片光合作用、蒸腾作用和水分利用效率的影响[J]. 植物生态学报, 2012, 36(5): 438-446.

[34] MODAIHSH S A, HORTON R, KIRKHAM D. Soil water evaporation suppression by sand mulches[J]. Soil Science, 1985, 139(4): 357-361.

[35] KEMPER W D, NICKS A D, COREY A T. Accumulation of water in soils under gravel and sand mulches[J]. Soil Science Society of America Journal, 1994, 58(1): 56-63.

[36] LI F M, GUO A H, WEI H. Effects of clear plastic film mulch on yield of spring wheat[J]. Field Crops Research, 1999, 63: 79-86.

[37] 赵聚宝, 梅旭荣, 薛军红, 等. 秸秆覆盖对旱地作物水分利用效率的影响[J]. 中国农业科学, 1996, 29(2): 59-61.

[38] WANG H, ZHANG L, DAWES W R, et al. Improving water use efficiency of irrigated crops in the north China plain-measurements and modeling[J]. Agricultural Water Management, 2001, 48(2): 151-167.

[39] 赵兰坡. 施用作物秸秆对土壤培肥的作用[J]. 土壤通报, 1996, 27(2): 76-78.

[40] 鲁向晖, 高鹏, 王飞. 宁夏南部山区秸秆覆盖对春玉米水分利用及产量的影响[J]. 土壤通报, 2008, 39(6): 1248-1251.

[41] 宋淑亚, 刘文兆, 王俊, 等. 覆盖方式对玉米农田土壤水分、作物产量及水分利用效率的影响[J]. 水土保持研究, 2012, 19(2): 211-217.

[42] RICHARDS R A. 受旱小麦叶面积的发育变化及其对水分利用、产量及收获指数的影响[J]. 国外农学——麦类作物, 1989, (2): 20-24.

[43] 张正斌. 作物抗旱节水的生理遗传育种基础[M]. 北京:科学出版社, 2003.

[44] 董宝娣, 师长海, 乔匀周, 等. 不同灌溉条件下不同类型冬小麦产量水分利用效率差异原因分析[J]. 中国生态农业学报, 2011, 19(5): 1096-1103.

[45] GUO W H, BO L, ZHANG X S, et al. Effects of water stress on water use efficiency and water balance components of Hippophae rhamnoides and Caragana intermedia in the soil-plant-atmosphere continuum[J]. Agroforestry Systems, 2010, 80(3): 423-435.

[46] 邵明安, 王全九, 黄明斌. 土壤物理学[M]. 北京: 高等教育出版社, 2006: 84-85.

[47] MORGAN J A, DANIEL R, LECAIN, et al. Gas exchange, carbon isotope discrimination, and production[J]. Crop Science, 1993, 33: 178-186.

[48] MAYLAND H F, JOHNSON D A, ASAY K H, et al. Ash, carbon isotope discrimination, and silicon as estimators of transpiration efficiency in crested wheatgrass[J]. Australian Journal of Plant Physiology, 1993, 20: 361-369.

[49] FARQUHAR G D, RICHARDS R A. Isotopic composition of carbon correlates with water-use efficiency of wheat genotypes[J]. Australian Journal of Plant Physiology, 1984, 11: 539-552.

[50] LONG S P, AINSWORTH E A, ROGERS A, et al. Rising atmospheric carbon dioxide: Plants face the future[J]. Annual Review of Plant Biology, 2004, 55(1): 591-628.

[51] CHEN J, CHANG S X, ANYIA A O. The physiology and stability of leaf carbon isotope discrimination as a measure of water-use efficiency in barley on the Canadian prairies[J]. Journal of Agronomy and Crop Science, 2011, 197(1): 1-11.

[52] ANYIA A O, SLASKI J J, NYACHIRO J M, et al. Relationship of carbon isotope discrimination to water use efficiency and productivity of barley under field and greenhouse conditions[J]. Journal of Agronomy and Crop

Science, 2007,193(5): 313-323.

[53] ARSLAN A,ZAPATA F,KUMARASINGHE K S. Carbon isotope discrimination as indicator of water-use efficiency of spring wheat as affected by salinity and gypsum addition[J]. Communications in Soil Science and Plant Analysis, 1999, 30(19-20): 2681-2693.

[54] 陈拓, 冯虎元, 徐世建, 等. 荒漠植物叶片碳同位素组成及其水分利用效率[J]. 中国沙漠, 2002, 22(3): 288-291.

[55] 何春霞, 孟平, 张劲松, 等. 基于稳定碳同位素技术的华北低丘山区核桃-小麦复合系统种间水分利用研究[J]. 生态学报, 2012, 32(7): 2047-2055.

[56] 苏培玺, 严巧嫡, 陈怀顺. 荒漠植物叶片或同化枝δ^{13}C 值及水分利用效率研究[J]. 西北植物学报, 2005, 25(4): 727-732.

[57] RAO N R C, WRIGHT G C. Stability of the relationship between specific leaf area and carbon isotope discrimination across environment in peanut[J]. Crop Science, 1994, 34(1): 98-103.

[58] SPARKS J P,EHLERINGER J R.Leaf carbon isotope discrimination and nitrogen content for riparian trees along elevational transects[J]. Oecologia, 1997, 109(3): 362-367.

[59] TSIALTAS J T, HANDLEY L L, KASSIOUMI M T, et al. Interspecific variation in potential water-use efficiency and its relation to plant species abundance in a water-limited grassland[J]. Functional Ecology, 2001,15(5): 605-614.

[60] 李善家, 张有福, 陈拓, 等. 西北地区油松叶片稳定碳同位素特征与生理指标的关系[J]. 应用与环境生物学报, 2010, 16(5): 603-608.

[61] MASLE J, FARQUHAR G D, WONG S C. Transpiration ratio and plant mineral content are related among genotypes of a range wheat species[J]. Australian Journal of Plant Physiology, 1992, 19(6):709-721.

[62] JOHNSON R C, LI Y Y. Water relations, forage production, and photosynthesis in tall fescue divergently selected for carbon isotope discrimination[J]. Crop Science, 1999, 39: 1663-1670.

[63] 康绍忠, 蔡焕然. 农业水管理学[M]. 北京:中国农业出版社, 1996: 101-102.

[64] TSUBO M, WALKER S. A model of radiation interception and use by a maize-bean intercrop[J]. Agricultural and Forest Meteorology, 2002, 110(3):203-215.

[65] LIU W Z, ZHANG X C. Optimizing water and fertilizer input using an elasticity index: A case study with maize in the Loess Plateau of China[J]. Field Crops Research, 2007, 100(2-3): 302-310.

[66] 王仰仁, 李明思, 康绍忠. 立体种植条件下作物需水规律研究[J]. 水利学报, 2003, 34(7): 90-96.

[67] 戴佳信. 内蒙古河套灌区间作物需水量与生理生态效应研究[D]. 呼和浩特:内蒙古农业大学, 2011.

[68] 张岁歧, 山仑. 有限供水对春小麦产量及水分利用效率的影响[J]. 华北农学报, 1990, 5(A12): 69-75.

[69] 孙彦坤, 梁荣欣. 春小麦耗水规律研究[J]. 东北农业大学学报, 1997, 28(4): 340-344.

[70] 吴凯, 陈建耀, 谢贤群. 冬小麦水分耗散特性与农业节水[J]. 地理学报, 1997, 52(5): 455-460.

[71] 刘祖贵, 孙景生, 张寄阳, 等. 风沙区春小麦棵间蒸发规律的试验研究[J]. 灌溉排水学报, 2003, 22(6):60-62.

[72] 张杰, 李栋梁. 黑河流域不同生育期生态需水量变化分析[J]. 干旱地区农业研究, 2006, 24(1): 164-168.

[73] 房全孝, 陈雨海, 李全起, 等. 土壤水分对冬小麦生长后期光能利用及水分利用效率的影响[J]. 作物学报, 2006, 32(6): 861-866.

[74] 盛钰, 赵成义, 贾宏涛. 水分胁迫对冬小麦光合及生物学特性的影响[J]. 水土保持学报, 2006, 20(1): 193-195.

[75] 郑海雷, 赵松岭, 王介民, 等. 黑河地区绿洲生态条件下麦田生物气象若干特征[J]. 生态学报, 2000, 20(3):

357-362.

[76] 张劲松, 孟平, 尹昌君. 植物蒸散耗水计算方法综述[J]. 世界林业研究, 2001,14(2): 23-28.

[77] GILMANOV T G,SOUSSANA J F,AIRES L, et al. Partitioning european grassland net ecosystem CO_2 ex-change into gross primary productivity and ecosystem respiration using light response function analysis[J]. Agriculture Ecosystems and Environment, 2007, 121: 93-120.

[78] 刘绍民, 孙中平, 李小文, 等. 蒸散量测定与估算方法的对比研究[J]. 自然资源学报, 2003,18(2): 162-166.

[79] 康绍忠. 干旱半干旱地区大气蒸发力的计算方法[J]. 干旱地区农业研究, 1985, 2: 41-49.

[80] 康绍忠. 干旱半干旱地区大气蒸发力的计算方法研究[J]. 干旱区资源与环境, 1987, 1(1): 132-140.

[81] 吴敬之, 王饶奇, 高洪春. 河西地区黑河流域绿洲蒸发力特征及其计算方法[J]. 高原气象, 1994, 13(3): 377-381.

[82] 吉喜斌, 康尔泗, 赵文智, 等. 黑河流域山前绿洲灌溉农田蒸散发模拟研究[J]. 冰川冻土, 2004, 12(6): 713-719.

[83] 吴锦奎, 丁永建, 王根绪, 等. 干旱区人工绿洲间作农田蒸散研究[J]. 农业工程学报, 2006, 22(9): 16-20.

[84] 吴锦奎, 丁永建, 王根绪, 等. 干旱区制种玉米农田蒸散研究[J]. 灌溉排水学报, 2007, 26(1): 14-17.

[85] 金晓媚, 梁继运. 黑河中游地区区域蒸散量的时间变化规律及其影响因素[J]. 干旱区资源与环境, 2009, 23(3): 88-92.

[86] 温随群, 杨秋红, 潘乐, 等. 作物需水量计算方法研究[J]. 安徽农业科学, 2009, 37(2): 422-443,445.

[87] 孙宏勇, 刘昌明, 张喜英, 等. 不同长度 Micro-lysimeters 对测定土壤蒸发的影响[J]. 西北农林科技大学学报, 2003, 31(4): 167-170.

[88] 高鹭, 胡春胜, 陈素英. 喷灌条件下冬小麦棵间蒸发的试验研究[J]. 农业工程学报, 2005, 21(12): 183-185.

[89] BLAND B L, ROSENBENG N J. Lysimetric calibration of the Bowen ratio energy balance method for evapotranspiration estimation in the central great plains[J]. Journal of Applied Meteorology, 1974, 13(2): 227-236.

[90] GRANT D R. Comparison of evaporation measurements using different methods[J]. Quarterly Journal of the Royal Meteorological Society, 1975, 101(429): 543-550.

[91] 陈云浩, 李晓兵, 史培军. 中国西北地区蒸散量计算的遥感研究[J]. 地理学报, 2001, 56(3): 261-268.

[92] FU Y L, YU G R, SUN X M, et al. Depression of net ecosystem CO_2 exchange in semi-arid Leymus chinensis steppe and alpine shrub[J]. Agricultural and Forest Meteorology, 2006, 137: 234-244.

[93] 段爱旺. 一种新型的动态扩散气孔计简介[J]. 灌溉排水, 1995, (4): 50-53.

[94] 司建华, 冯起, 张小由. 热脉冲技术在确定胡杨幼树干液流中的应用[J]. 冰川冻土, 2004, 26(4): 503-508.

[95] LADEFOGED K. A method for measuring the water consumption of large intact tree[J]. Physiologia Plantarum, 1960(4), 13:648-658.

[96] DAVID G S. Water use of interior Douglas-fir[J]. Canadian Journal of Forest Research, 2000, 30(4):534-548.

[97] 高岩, 张汝民, 刘静. 应用热脉冲技术对小美旱杨树干液流的研究[J]. 西北植物学报, 2001, 21(4):644-649.

[98] 张劲松, 孟平, 尹昌君, 等. 农林复合系统的水分生态特征研究评述[J]. 世界林业研究, 2003, 16(1): 10-14.

[99] KUSTAS W P, NONMAIN J M. Use of remote sensing for evapotranspiration monitoring over land surfaces[J]. Hydrological Sciences Journal, 1996, 41(4):495-513.

[100] DREXLER J Z, RICHARD L S, DONATELLA S, et al. A review of models and micrometeorological methods used to estimate wetland evapotranspiration[J]. Hydrological Processes, 2004, 18(11):2071-2101.

[101] 王仰仁, 雷志栋, 杨诗秀. 冬小麦水分敏感指数累积函数研究[J]. 水利学报, 1997, (5):28-35.

[102] 丛振涛, 周智伟, 雷志栋. Jensen 模型水分敏感指数的新定义及其解法[J]. 水科学进展, 2002, 13(6):730-735.

[103] 梁银丽, 山仑, 康绍忠. 黄土旱区作物-水分模型[J]. 水利学报, 2000, 31(9):86-90.

[104] 罗玉峰, 崔远来, 朱秀珍. 高斯-牛顿法及其在作物水分生产函数模型参数求解中的应用[J]. 节水灌溉, 2004, (1):1-2.

[105] 杜新艳. 河北省黑龙港地区小麦水分生产函数及农业高效用水研究[D]. 保定: 河北农业大学, 2006.

[106] 杜尧东, 毛慧琴, 刘爱君, 等. 广东省太阳总辐射的气候学计算及其分布特征[J]. 资源科学, 2003, 25(6):66-70.

[107] 刘昌明, 周长青, 张士锋, 等. 小麦水分生产函数及其效益的研究[J]. 地理研究, 2005, 24(1):1-10.

[108] 王宗明, 梁银丽. 氮磷营养对夏玉米水分敏感性及生理参数的影响[J]. 生态学报, 2003, 23(4):751-757.

[109] MORGAN J A. Interaction of water supply and N in wheat[J]. Plant Physiology, 1984, 76(1): 112-117.

[110] 张立新, 吕殿青, 王九军, 等. 渭北旱原不同水肥配比冬小麦根系效应的研究[J]. 干旱地区农业研究, 1996, 14(4): 22-28.

[111] 徐萌, 山仑. 不同水分条件下无机营养对春小麦水分状况和渗透调节的影响[J]. 植物学报, 1992, 34(8): 596-602.

[112] GUTIERREZ-BOEM F H, THOMAS G W. Phosphorus nutrition affects wheat response to water deficit[J]. Agronomy Journal, 1998, 90(2): 166-171.

[113] VIETS F G. Water deficits and nutrient availability[J]. Water Deficits and Plant Growth, 1972, 3: 217-239.

[114] 于亚军, 李军, 贾志宽, 等. 旱作农田水肥耦合研究进展[J]. 干旱地区农业研究, 2005, 23(3): 220-224.

[115] 戴庆林, 杨文耀. 阴山丘陵旱农区水肥效应与耦合模式的研究[J]. 干旱地区农业研究, 1995, 13(1): 20-24.

[116] SHIMSHI D. The effect of nitrogen supply on some indices of plant-water relations of beans (Phaseolus vulgaris L.)[J]. New Phytologist, 1970, 69(2): 413-424.

[117] 李生秀, 高亚军, 李世清, 等. 澄城低肥力田块小麦的水肥耦合效应[M]//汪德水. 旱地农田肥水关系原理与调控技术. 北京: 中国农业科学技术出版社, 1995: 221-234.

[118] 程宪国, 汪德水, 张美荣, 等. 不同土壤水分条件对冬小麦生长及养分吸收的影响[J]. 中国农业科学, 1996, 29(4): 71-74.

[119] 关军锋, 李广敏. 干旱条件下施肥效应及其作用机理[J]. 中国生态农业学报, 2002, 10(1): 59-61.

[120] 翟丙年, 李生秀. 冬小麦产量的水肥耦合模型[J]. 中国工程科学, 2002, 4(9): 69-74.

[121] 徐学选, 穆兴民. 小麦水肥产量效应研究进展[J]. 干旱地区农业研究, 1999, 17(3): 6-12.

[122] 高雪玲, 张建平, 吕明杰, 等. 长安灌区小麦氮磷钾肥效试验研究[J]. 陕西农业科学, 2007, (1): 22-49.

[123] 刘一. 施肥对黄土高原旱地冬小麦产量及土壤肥力的影响[J]. 水土保持研究, 2003, 10(1): 40-42.

[124] 古巧珍, 杨学云, 孙本华, 等. 长期定位施肥对小麦籽粒产量及品质的影响[J]. 麦类作物学报, 2004, 24(3): 76-79.

[125] 皇甫湘荣, 杨先明, 黄绍敏, 等. 长期定位施肥对强筋小麦郑麦 9023 产量和品质的影响[J]. 河南农业科学, 2006, 4(1): 3-6.

[126] 张淑香, 金柯, 蔡典雄, 等. 水分胁迫条件下不同氮磷组合对小麦产量的影响[J]. 植物营养与肥料学报, 2003, 9(3): 276-279.

[127] 梁银丽. 土壤水分和氮磷营养对冬小麦根系生长及水分利用的调节[J]. 生态学报, 1996, 16(3): 258 -264.

[128] 刘文兆, 李玉山, 李生秀. 作物水肥优化耦合区域的图形表达及其特征[J]. 农业工程学报, 2002, 18(6): 1-3.

[129] 刘文兆. 作物生产. 水分消耗与水分利用效率间的动态联系[J]. 自然资源学报, 1998, 13(1): 23-27.

[130] 刘文兆, 李玉山. 渭北旱塬西部作物水肥产量耦合效应研究[J]. 水土保持研究, 2003, 10(1): 12-15.

[131] 李开元, 李玉山. 黄土高原南部农田水量供需平衡与作物水肥产量效应[J]. 土壤通报, 1995, 26(3): 105-107.

[132] 李向民, 许春霞, 李开元. 黄土高原沟壑区水肥因子对冬小麦经济性状的影响[J]. 应用生态学报, 1999, 10(3): 309-311.

[133] 钟良平, 邵明安, 李玉山. 农田生态系统生产力演变及驱动力[J]. 中国农业科学, 2004, 37(4):510-515.

[134] 张岁岐, 李秧秧. 施肥促进作物水分利用机理及对产量的影响研究[J]. 水土保持研究, 1996, 31:185-191.

[135] 李生秀, 李世清, 高亚军, 等. 施用氮肥对提高旱地作物利用土壤水分的作用机理和效果[J]. 干旱地区农业研究, 1994, 12(1): 38-46.

[136] 李裕元, 郭永杰, 邵明安. 施肥对丘陵旱地冬小麦生长发育和水分利用的影响[J]. 干旱地区农业研究, 2000, 18(1): 15-21.

[137] 黄明丽, 邓西平, 白登忠. N、P 营养对旱地小麦生理过程和产量形成的补偿效应研究进展[J]. 麦类作物学报, 2002, 22(4): 74-78.

[138] 戴武刚, 霍进忱, 邹桂霞. 辽西低山丘陵区集流聚肥梯田土壤水分动态变化规律研究[J]. 水利发展研究, 2002, 2(8): 31-32.

[139] STEDUTO P, HSIAO T C, RAES D, et al. AquaCrop—The FAO crop model to simulate yield response to water: I. Concepts and underlying principles[J]. Agronomy Journal, 2009, 101(3): 426-437.

[140] RAES D, STEDUTO P, HSIAO T C, et al. AquaCrop—The FAO crop model to simulate yield response to water: II. Main algorithms and software description[J]. Agronomy Journal, 2009, 101(3): 438-447.

[141] HENG L K, HSIAO T, EVETT S, et al. Validating the FAO AquaCrop model for irrigated and water deficient field maize[J]. Agronomy Journal, 2009, 101(3): 488-498.

[142] ABEDINPOUR M, SARANGI A, RAJPUT T B S, et al. Performance evaluation of AquaCrop model for maize crop in a semi-arid environment[J]. Agricultural Water Management, 2012, 110(3): 55-66.

[143] GEERTS S, RAES D, GARCIA M, et al. Simulating yield response to water of quinoa (Chenopodium quinoa Willd.) with FAO-AquaCrop[C]. Flemish: Leuven University Press, 2008.

[144] FARAHANI H J, IZZI G, OWEIS T Y. Parameterization and evaluation of the AquaCrop model for full and deficit irrigated cotton[J]. Agronomy Journal, 2009, 101(3): 469-476.

[145] GEERTS S, RAES D, GARCIA M. Using AquaCrop to derive deficit irrigation schedules[J]. Agricultural Water Management, 2010, 98(1): 213-216.

[146] TODOROVIC M, ALBRIZIO R, ZIVOTIC L, et al. Assessment of AquaCrop, CropSyst, and WOFOST models in the simulation of sunflower growth under different water regimes[J]. Agronomy Journal, 2009, 101(3): 509-521.

[147] 项艳. AquaCrop 模型在华北地区夏玉米生产中的应用研究[D]. 泰安: 山东农业大学, 2009.

[148] 李会, 刘钰, 蔡甲冰, 等. AquaCrop 模型的适用性及应用初探[J]. 灌溉排水学报, 2011, 30(3): 28-33.

[149] 杜文勇, 何雄奎, 胡振方, 等. 冬小麦生物量和产量的 AquaCrop 模型预测[J]. 农业机械学报, 2011, 42(4): 174-178.

第2章　春冬小麦叶片光合特征

光合作用是一切绿色植物干物质累积和产量形成的基础，也是反映作物主要生理性状的重要指标之一。小麦生长初期处于营养生长期，光合作用主要产物供给根部和叶子生长。孕穗期后期，光合作用的同化产物主要供给穗的生长和籽粒的形成。由于气孔开闭程度对植物水分状况以及 CO_2 同化有着极其重要的影响，因此可以通过调节作物气孔开闭程度来改变光合作用。通常光合作用抑制主要通过气孔限制和非气孔限制两个方面来实现[1]。干旱可以造成气孔关闭，阻止植物脱水，同时减少了 CO_2 的供应，导致光合速率的下降[2]。土壤水分含量增加有利于气孔开放，叶片气孔导度和胞间 CO_2 浓度升高，进入胞间的 CO_2 增多，光合速率相应提高。此外，不同水分供应和覆盖措施引起作物在营养生长和生殖生长过程中存在着显著差异，影响了作物的光合作用，从而最终导致了作物产量和水分利用效率的差异。

2.1　春小麦叶片光合特征

为了分析春小麦叶片光合特征，以甘肃省张掖市春小麦灌溉试验结果为基础进行分析，以明确春小麦叶片光合特征及其主要影响因素间的关系。

2.1.1　春小麦光合作用日变化特征

1. 春小麦叶片温度变化特征

叶片温度是影响小麦光合速率的重要因素之一。图 2.1 显示了不同灌水处理下的春小麦叶片温度日变化特征。小麦叶片温度随着地温的升高而升高，在午后 14:00 达到最大值，然后持续下降。叶片平均温度随着灌溉量的增加而减小，依次为 W0>W1>W2>W3>W4>W5。高灌水量处理下的土壤含水量较高，可以抑制春小麦叶片温度的升高。

2. 春小麦净光合速率变化特征

叶片净光合速率（P_n）反映了作物利用光能产生碳水化合物的能力，其影响因素主要包括叶片温度和湿度、胞间 CO_2 浓度、土壤水分和养分含量等[3]。因此，选取春小麦籽粒形成的关键时期（灌浆期）光合作用日变化来分析春小麦生理生长机理。

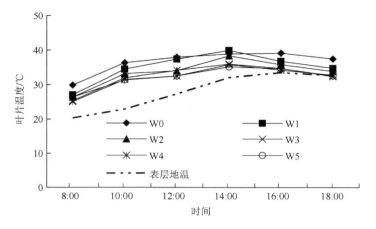

图 2.1　不同灌水量下春小麦叶片温度日变化

图 2.2 显示了不同灌水量下净光合速率日变化情况。由图可以看出，高灌水处理的净光合速率高于低灌溉水处理。叶片光合速率大小依次为 W4>W5>W3>W2>W1>W0，其中 W4 处理的净光合速率最大。从曲线的变化趋势来看，W3、W4、W5 灌水处理的春小麦净光合速率的日变化总体呈单峰变化过程，即从早 8:00 随着太阳高度的升高而增加，在中午 12:00 左右达到最大净光合速率，而后随着太阳高度的变化，光合速率呈下降趋势。W0、W1、W2 处理的净光合速率呈双峰曲线。在中午 12:00 达到最大值后，14:00 下降到最低值，进入“午休”状态，16:00 达到次一级的波峰，最后下降到全天最低值。由此可以看出，灌水处理可以有效抑制春小麦的“午休”现象。

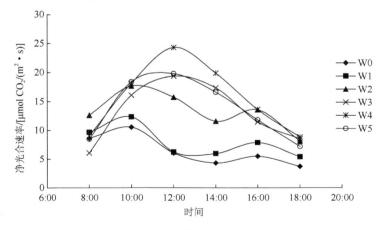

图 2.2　不同灌水量下春小麦净光合速率日变化

3. 春小麦蒸腾速率变化特征

蒸腾作用是春小麦维持水分和营养物质传输、吸收与降低温度变化幅度的重要途径。春小麦蒸腾速率受到叶片气孔阻力、土壤含水量和气候因子的影响。由图 2.3 可以看出,在一定的条件下,蒸腾速率总体随着灌水量的增加而增加。全天平均蒸腾速率的大小依次为 W4>W5>W3>W2>W1>W0,其中 W4 处理的蒸腾速率最大。对于 W3、W4、W5 灌水处理,蒸腾速率呈现了单峰变化过程,在中午 14:00 达到最大值,与光合速率的最大值相比出现了滞后。这与叶片温度和大气温度的最大值出现在午后 14:00 相一致。对于 W0、W1、W2 处理,叶片蒸腾速率呈现了双峰曲线,第一个峰值出现在早上 10:00,第二个峰值出现在下午 16:00,这与光合速率日变化曲线特征一致。

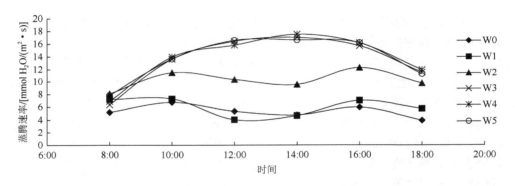

图 2.3　不同灌水量下春小麦蒸腾速率日变化

4. 春小麦气孔导度变化特征

气孔是叶片与外界大气进行水汽和 CO_2 交换的主要通道,气孔导度是气孔开闭程度的重要指标,直接影响作物蒸腾速率的大小和光合作用的强弱,进而影响作物的水分利用效率。图 2.4 显示了不同灌溉处理下小麦叶片气孔导度日变化过程。W0、W1、W2 处理下的小麦气孔导度日变化呈"V"字形。随着太阳高度的增加,日照强度加强,气孔开放,气孔导度逐渐增大,在早 8:00 时为最高值。而后又随着气温和表层地温升高,小麦叶片温度上升,气孔随着蒸腾速率的增加出现了收缩,从而导致了气孔导度下降,在 14:00 降到最低值。此时的小麦植株体内的水汽传输受到限制,小麦出现"午休"现象。有学者研究认为,较高的温度(30～35℃)导致气孔的关闭[4]。之后,随着光照强度的减弱和气温的下降,气孔导度又缓慢上升。对于 W3、W4 和 W5 处理,小麦气孔导度随着太阳辐射强度的增加呈先增加后减小的趋势。气孔导度从早 8:00 开始上升到中午 12:00 达最大值,在午后 14:00 降到最低值，而后有所回升，但是总体波动幅度不大。从图 2.4 也可以看出，灌水处理的气孔导度总体变化较不灌水处理高，且灌水多的气孔导度大于灌水少的气孔导度。因此，在农业生产中适当灌溉可以增加气孔导度，从而增强作物以气孔为媒介与外界的气体交换，有利于提高光合产物的累积。

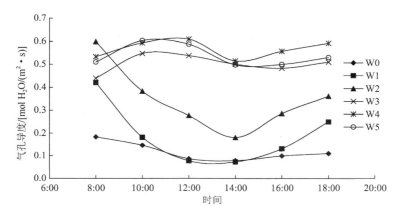

图 2.4　不同灌水量下春小麦叶片气孔导度的日变化特征

2.1.2　春小麦全生育期内光合特征

1. 春小麦全生育期内净光合作用变化特征

随着春小麦的生长，在各个生育期春小麦净光合速率有所差异。试验结果显示，春小麦生育期内净光合速率呈先减小后增大的趋势[图 2.5（a）]，出现了两个峰值。第一个峰值出现在生殖生长的旺盛期（拔节期），第二个峰值出现在籽粒形成期（灌浆期），也是春小麦营养生长的关键时期。各处理的净光合速率大小依次为拔节期>抽穗期>灌浆期>扬花期。灌水大的春小麦净光合速率大于低灌水和无灌水处理。气孔导度也表现类似趋势，高灌水处理明显地大于低灌水处理[图 2.5（c）]。由此可见，水分胁迫导致了春小麦气孔的收缩，降低了春小麦的气孔导度，从而影响了光合作用。各处理的气孔导度大小依次为抽穗期>拔节期>扬花期>灌浆期。根据图 2.5（b）和（c）可知，各灌水处理的蒸腾速率和气孔导度的变化趋势并非完全一致，即随着气孔导度的增加，小麦的蒸腾速率呈增大的趋势。叶片瞬时水分利用效率通常用净光合速率和蒸腾速率之比来表示。图 2.5（d）显示结果表明，春小麦的水分利用效率表现为拔节期>抽穗期>扬花期>灌浆期，其中 W0 和 W1 处理的水分利用效率高于其他高灌水处理。

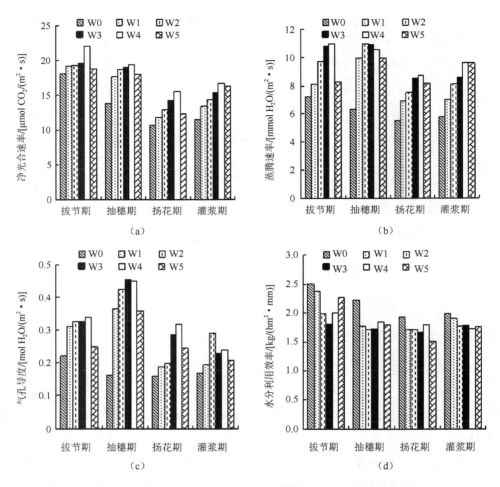

图 2.5　春小麦各生育期净光合速率（a）、蒸腾速率（b）、气孔导度（c）
和水分利用效率（d）的变化特征

2. 春小麦净光合速率与气孔导度间关系

　　为了定量分析净光合速率与气孔导度的关系，将实测的净光合速率与气孔导度绘出见图 2.6。由图可以看出，净光合速率与气孔导度间存在显著的函数关系，利用二次曲线进行拟合，结果为

$$P_n = -104.76 C_{ond} x^2 + 89.018 C_{ond} + 0.2446 \qquad (2.1)$$

式中，C_{ond} 为气孔导度，mol H_2O/（$m^2 \cdot s$）；P_n 为净光合速率，μmol CO_2/（$m^2 \cdot s$）。

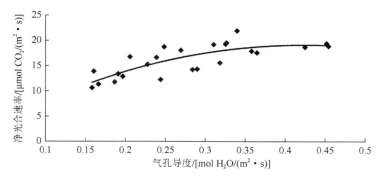

图 2.6　净光合速率与气孔导度的关系

3. 春小麦净光合速率与蒸腾速率间关系

为了进一步分析叶片净光合速率与蒸腾速率的关系，将实测叶片净光合速率与蒸腾速率点绘出见图 2.7。由图可以看出，两者存在较好函数关系，利用二次曲线进行拟合，结果为

$$P_n = 0.0022T_r^2 + 1.4815T_r + 3.1989 \qquad (2.2)$$

式中，T_r 为蒸腾速率，$mmol\ H_2O/(m^2 \cdot s)$；P_n 为净光合速率，$\mu mol\ CO_2/(m^2 \cdot s)$。

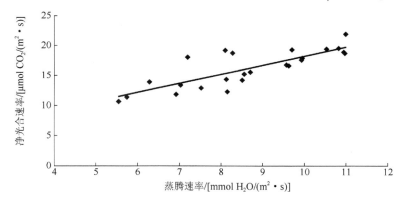

图 2.7　净光合速率与蒸腾速率的关系

4. 春小麦净光合速率与土壤含水量间关系

土壤水分是影响作物光合速率的重要因素之一。春小麦的主要根系集中在土层深度 0～40cm，同时不同灌溉定额对土层深度 0～20cm 的土壤含水量影响最明显。为了确定土壤含水量与净光合速率的关系，选取土层深度 0～20cm 土壤含水量进行回归分析。图 2.8 显示了不同灌水量处理下土壤含水量与净光合速率之间的曲线关系。在一定范围内，净光合速率随着土壤含水量的增加而增大，当土壤含水量增加到 12～13cm³/cm³ 时，光合速率则出现了下降趋势。对两者关系进行回归分析，土壤含水量和光合速率之间呈二次曲线关系，关系式为

$$P_n = -771.98\theta^2 + 1766.32\theta + 8.4246 \qquad (2.3)$$

式中，P_n 为净光合速率，$\mu mol\ CO_2/(m^2 \cdot s)$；$\theta$ 为土壤含水量，cm^3/cm^3。

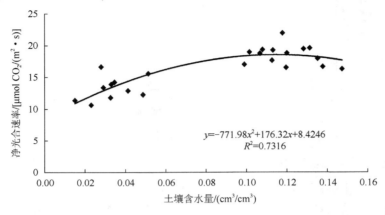

图 2.8　净光合速率与土壤含水量的关系

5. 春小麦净光合速率与光合有效辐射的关系

把作物在光能的作用下，将二氧化碳和水转化成自身生长所需的碳水化合物的过程称为光合作用。在光合作用过程中，光合有效辐射起着关键性的作用，太阳辐射强弱将直接影响作物光合速率的大小。因此，为了分析不同灌水量处理下春小麦的净光合速率与光合有效辐射的关系，选取 W3、W4 和 W5 处理下的作物净光合速率与光合有效辐射进行相关性分析，结果如图 2.9 所示。

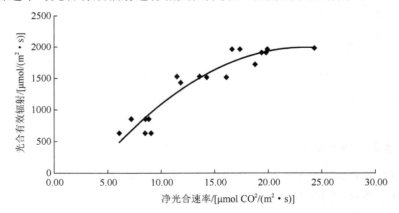

图 2.9　净光合速率与光合有效辐射的关系

净光合速率随着光合有效辐射的增大先增大，当太阳辐射强度达到一定的程度，净光合速率出现稳定变化，达到春小麦自身净光合速率的最大值。光合速率和光合有效辐射之间呈二次曲线关系，关系式为

$$\text{PAR} = -4.9849P_n^2 + 233.93P_n - 752.55 \qquad (2.4)$$

式中，PAR 为光合有效辐射，$\mu mol/(m^2 \cdot s)$；P_n 为净光合速率，$\mu mol\ CO_2/(m^2 \cdot s)$。

2.1.3　春小麦光响应曲线

图 2.10 显示了不同灌水量处理下春小麦光响应曲线的变化特征。春小麦净光合速率总体变化趋势是随着光合有效辐射的增加而不断增大。但是，W0 处理在光合有效辐射达到 800$\mu mol/(m^2 \cdot s)$ 时开始下降，到光合有效辐射为 1600$\mu mol/(m^2 \cdot s)$ 时呈现最小值，之后又随着光合有效辐射的增强开始上升；W1 和 W2 处理在光合有效辐射为 1200$\mu mol/(m^2 \cdot s)$ 时出现了下降，而后当光合有效辐射大于 2000$\mu mol/(m^2 \cdot s)$ 时出现增大趋势。可见，春小麦在干旱条件下，光合有效辐射达到一定强度时净光合速率出现下降趋势，当超过这个范围之后又会有所上升。各处理间的净光合速率大小依次为 W4>W3>W5>W2>W1>W0。净光合速率也呈现了随着灌水量的增加先增大后减小的趋势。可见，过度干旱和过量灌水均不利于小麦的光合作用。

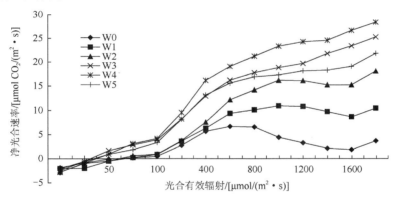

图 2.10　不同灌水量处理下的春小麦光响应曲线

为了更加准确地研究不同灌水处理下春小麦的光合特性，本书选用 Farquhar 模型进行分析。Farquhar 模型是基于光合作用的羧化和电子传递两个基本过程，描述光合作用与生物化学之间相互关系。采用 SPSS19.0 统计软件来模拟不同覆盖条件下春小麦的净光合速率（P_n），并计算出光补偿点和光饱和点以及其他光合特征参数。基本理论公式为

$$P_n = \text{PAR} \cdot Q + P_{max} - \sqrt{(\text{PAR} \cdot Q + P_{max})^2 - 4Q \cdot P_{max} \cdot \text{PAR} \cdot k} \Big/ (2k) - R \qquad (2.5)$$

式中，P_n 为净光合速率；P_{max} 为最大净光合速率；Q 为表观量子效率；k 为曲角；R 为光下呼吸速率。

图 2.11 显示了利用模型对净光合速率的拟合结果。经误差分析，模拟值与实测值之间的均方根误差（RMSE）为 0.43～1.33$\mu mol\ CO_2/(m^2 \cdot s)$，其中 W0 处

理的 RMSE 为 1.33μmol CO$_2$/(m^2 · s)，W2 处理的 RMSE 为 0.63μmol CO$_2$/(m^2 · s)。各处理下的模拟值与实测值的相关系数（R^2）的变化为 0.86～0.99。其中 W0 处

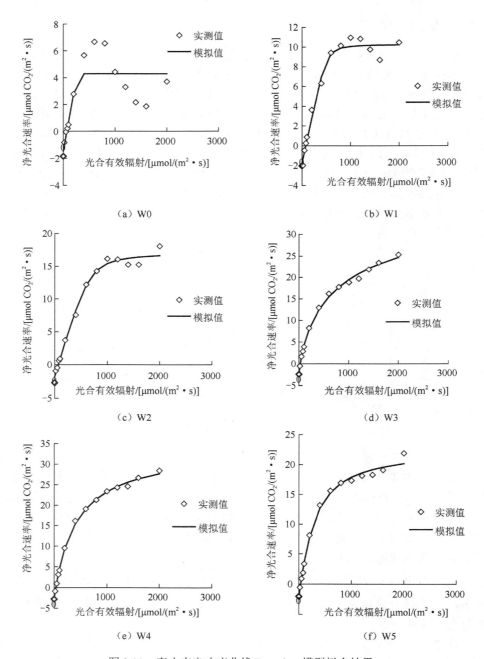

图 2.11　春小麦光响应曲线 Farquhar 模型拟合结果

理的 R^2 最低，为 0.86。除了 W0 和 W1 处理，W2、W3、W4、W5 处理的净光合速率的模拟值与实测值高度吻合。

根据光响应曲线的 Farquhar 数学模型，分别计算了不同灌水量处理下的光响应特征参数值，如表 2.1 所示。在不同的灌水处理下春小麦最大净光合速率（P_{max}）、光补偿点（LCP）、表观量子效率（Q）之间有着一定的差异。表 2.1 中显示 LCP 为 2.25～3.45μmol/（$m^2 \cdot s$）。其中低灌水量处理的光补偿点大于高灌水量处理。最大净光合速率是衡量叶片光合潜力的一个重要指标，一般为最大净光合速率减去呼吸速率的净值。实验结果显示，W4 的最大净光合速率最大，达到 39.775μmol CO_2/（$m^2 \cdot s$），其次依次为 W3、W5、W2、W1、W0。其中 W0 处理的 RMSE 较大，模拟效果较差（图 2.11）。虽然利用 Farquhar 数学模型计算的 W0 处理的净光合速率与实测值偏差较大，不能准确反映真实情况，但是在一定程度上也能说明随着灌水量的增加，春小麦的最大净光合速率呈先增大后减小趋势。而光补偿点则是随着灌水量的增加而减小，其中 W4 和 W5 处理下的光补偿点值最小，分别为 2.32μmol/（$m^2 \cdot s$）和 2.25μmol/（$m^2 \cdot s$）。可见，土壤含水量越高，越有利于提高春小麦的最大净光合速率，且有较低的光补偿点，从而减小了暗呼吸速率的能量消耗。

表 2.1　春小麦光响应曲线参数

灌水处理	最大净光合速率 P_{max}/[μmol CO_2/（$m^2 \cdot s$）]	光补偿点 LCP/[μmol/（$m^2 \cdot s$）]	光饱和点 LSP/[μmol/（$m^2 \cdot s$）]	表观量子效率 Q	暗呼吸速率 R/[μmol CO_2/（$m^2 \cdot s$）]
W0	1.093×10^{-8}	3.35	6.67	0.78	-2.61
W1	12.091	3.45	10.95	1.07	-3.71
W2	19.125	3.34	18.09	1.12	-3.72
W3	36.901	2.43	25.32	1.82	-4.41
W4	39.775	2.32	28.43	1.94	-4.51
W5	24.855	2.25	21.87	2.26	-5.54

2.2　冬小麦叶片光合特征

为了分析冬小麦叶片光合特征，以陕西省长武县田间冬小麦灌溉试验结果为基础进行分析，以明确冬小麦叶片光合特征及其主要影响因素间关系。

2.2.1　水氮对冬小麦叶片相对叶绿素含量的影响

SPAD-502 叶绿素仪是根据叶片叶绿素对有色光的吸收特性，通过测量一定波长的发射光强和透过叶片后的光强进行叶片叶绿素含量的测定。冬小麦叶片相对叶绿素含量（SPAD 值）可以较好地反映植物叶片叶绿素的浓度，具有测定方法简便快捷、不破坏叶片生长等特点，且不受时间和气候等条件限制[5]。光合作用主要是在叶绿体中进行的，因此叶绿素含量的高低会对光合作用产生影响。将冬小麦单茎上除去枯叶的所有叶片的 SPAD 值进行平均进而求得单茎平均叶绿素相对含量。图 2.12 所示结果表明，冬小麦叶片 SPAD 值在开花期前缓慢增加（N0处理除外），在开花后急剧下降，成熟期接近于零；N0 处理 SPAD 值在返青期后基本随生长进行而降低。同一生育时期叶片 SPAD 值基本随施氮量增加而增加，N0 处理最小。在灌浆期（播种后 250d 左右）N3、N4 和 N5 处理叶片 SPAD 值明显高于 N2、N1 和 N0 处理。灌水处理对叶片 SPAD 值影响不显著。

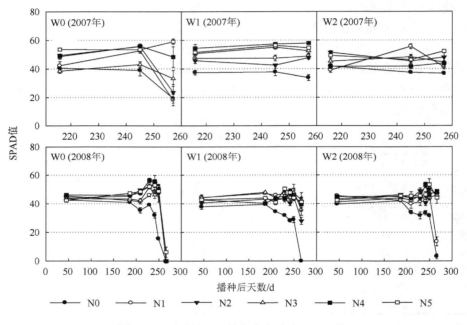

图 2.12　不同处理下的冬小麦叶片 SPAD 值

表 2.2 显示的相关性分析结果表明，在冬小麦分蘖期（2007/11/05）叶片 SPAD值与施氮量无显著相关。在冬小麦旺盛生长期的 3～5 月，叶片 SPAD 值与施氮量呈显著或极显著相关（$P<0.05$ 或 $P<0.01$）；在冬小麦营养生长阶段，叶片 SPAD值与灌水量呈负相关，相关性不显著；在冬小麦灌浆成熟期（2007/05/28、2008/05/27 和 2008/06/13），叶片 SPAD 值与灌水量呈正相关，并且随着冬小麦的不断成熟，叶片 SPAD 值与灌水量的相关系数不断增大。

表 2.2　施氮量和灌水量与冬小麦叶片 SPAD 值的相关系数及相关性

日期	施氮量 R（P）	灌水量 R（P）
2007/04/17	0.643（0.004）	-0.029（0.908）
2007/05/16	0.503（0.033）	-0.233（0.353）
2007/05/28	0.691（0.002）	0.404（0.097）
2007/11/05	0.260（0.298）	-0.256（0.304）
2008/03/25	0.476（0.046）	-0.015（0.952）
2008/04/17	0.644（0.004）	-0.249（0.318）
2008/05/07	0.651（0.004）	-0.441（0.067）
2008/05/19	0.726（0.001）	-0.213（0.395）
2008/05/27	0.587（0.011）	0.051（0.840）
2008/06/13	0.466（0.052）	0.696（0.001）

注：R 为相关系数。$P<0.05$ 为显著相关，$P<0.01$ 为极显著相关。

2.2.2　冬小麦叶片净光合速率变化特征分析

光合作用是作物干物质积累和产量形成的基础。光合作用的强弱一般用光合速率表示，叶片净光合速率实际上是光合作用减去呼吸消耗的差数，也称为表观光合速率，反映了植物利用光能生产碳水化合物的效率。影响叶片净光合速率的外界因素很多，主要有温度、湿度、水分、CO_2 浓度、矿质营养和光合速率日变化等。本小节着重探讨了施氮和灌水这两个因素对冬小麦不同生育时期净光合速率的影响，试验结果如图 2.13 和图 2.14 所示。氮素作为植物生长必需的大量元素和植物体内许多酶的成分，直接影响着植物生物化学物质的转化过程。施氮能够增加小麦叶片净光合速率[6, 7]，但过量施氮无助于光合性能的提高[8]。灌水能够增加冬小麦叶片净光合速率[9]，但在冬小麦灌浆后期，如果土壤水分过多则会发生涝渍灾害[10]，使叶片净光合速率降低。

图 2.13 所示的结果表明，2007 年返青期到成熟期之间，多数处理叶片净光合速率呈现先升高再降低趋势，在开花期（播种后 240d 左右）达到最大值。有个别处理，如 W0N3、W0N4、W1N3、W2N2 和 W2N3 处理叶片 P_n 呈持续降低趋势。不同施氮处理条件下，均以 N0 处理 P_n 明显最低，其余施氮处理间差异较小，且在不同施生育阶段表现有所不同，在灌浆后期基本随着施氮量增加而增加。同一施氮量条件下，灌浆期叶片净光合速率随灌水量的增加而明显增加，W2<W1<W0。图 2.14 所示的结果表明，2008 年播种后 210d（拔节期），不同施氮量条件下均以旱作处理（W0），叶片净光合速率最大，W1 和 W2 条件下较小；灌浆期则以旱作处理，叶片净光合速率明显低于灌水处理（W1 和 W2），随施氮量的增加，灌浆期 W1 与 W2 处理 P_n 差异逐渐变小。图 2.14 也表明，W0 和 W1 水分条件下，灌浆期叶片 P_n 随施氮量增加而明显增加。但在 W2 水分条件下，灌浆期叶片 P_n 以

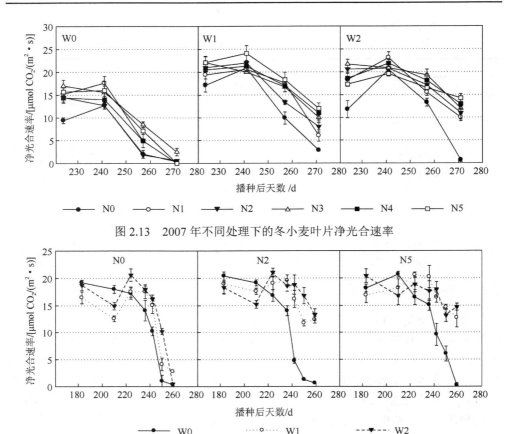

图 2.13　2007 年不同处理下的冬小麦叶片净光合速率

图 2.14　2008 年不同处理下的冬小麦叶片净光合速率

N2 处理高于 N5 处理，N2 和 N5 处理同时明显高于 N0 处理。可见，灌水和施氮均有利于叶片在灌浆期保持较高的光合速率，适量施氮还可以一定程度上缓解水分胁迫对叶片净光合速率的影响。

2.2.3　冬小麦叶片蒸腾速率变化特征

2007 年叶片蒸腾速率随灌水量增加而增加，同时，随着灌水量的增加，在灌浆期不同施氮处理间的差异明显增大，如图 2.15 所示。W0 条件下，各生育阶段的不同施氮量处理间冬小麦叶片蒸腾速率 T_r 差异不明显，灌水后（W1 和 W2 处理）差异明显。灌浆后期以 N0 处理明显最小，N3 处理明显最大，其余处理居中。图 2.16 所示结果表明，2008 年灌浆期叶片蒸腾速率以旱作处理（W0）明显最小，W1 和 W2 处理均明显大于 W0，W1 处理明显最大。旱作处理条件下，播种后 221d（拔节期）N0>N2>N5，播种后 250d（灌浆后期）则 N5>N2>N0；W1 和 W2 处理条件下，灌浆期叶片蒸腾速率均 N2>N5>N0，各处理间差异显著。可见，灌水和施氮均能明显提高冬小麦灌浆期叶片蒸腾速率，适量灌水和施氮条件下叶片蒸腾速率最大。

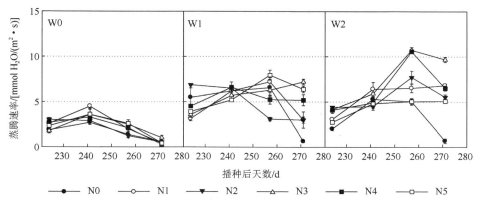

图 2.15　2007 年不同处理下的冬小麦叶片蒸腾速率

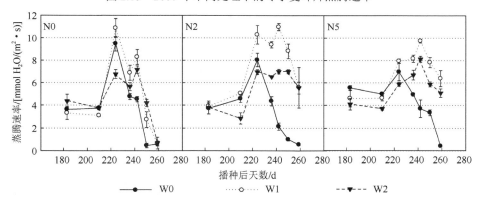

图 2.16　2008 年不同处理下的冬小麦叶片蒸腾速率

2.2.4　冬小麦叶片水分利用效率变化特征分析

图 2.17 和图 2.18 显示了冬小麦叶片水分利用效率。结果表明，随着生育期的延续，叶片水分利用效率（WUE_{leaf}）有逐渐降低的趋势，以成熟期最低。施氮对叶片水分利用效率的影响程度因灌水量的不同而异。旱作条件（W0）下，在播种后 223d（拔节期）和灌浆成熟期，N3 处理 WUE_{leaf} 显著高于其余施氮处理（$P<0.05$），从而有利于冬小麦植株个体充分利用有限的土壤水分进行生物量的生产和积累[11]；W1 条件下，在播种后 271d（灌浆后期）以 N0 处理 WUE_{leaf} 最大，N5 处理最小；W2 条件下，在播种后 271d（灌浆后期）则以 N0 处理 WUE_{leaf} 最小，N5处理最大。图 2.18 所示结果也表明，播种后 180d（返青期）叶片水分利用效率以旱作处理（W0）最大，并且 N5 条件下返青期旱作处理 WUE_{leaf} 明显大于灌水处

理（W1 和 W2）。各施氮量条件下旱作处理 WUE_{leaf} 在播种后 238d 左右明显增加，N2 和 N5 条件下旱作处理 WUE_{leaf} 一度明显高于灌水处理（W1 和 W2）。播种后 250d，灌水处理（W1 和 W2）的 WUE_{leaf} 显著高于旱作处理。播种后 260d，N0 条件下 W1>W2≈W0，N2 条件下 W2≈W1>W0，N5 条件下 W2>W1>W0。可见，在冬小麦灌浆成熟期，在不施氮条件下，生育前期灌水（W1 处理）较旱作（W0 处理）和全生育期灌水（W2 处理）WUE_{leaf} 明显提高；其余施氮条件下，灌水处理（W1 和 W2）WUE_{leaf} 均明显高于旱作处理。这可能是因为本试验中灌水越多，叶片衰老越慢，其叶片能够在旱作处理叶片衰亡时仍保持旺盛生长，因此具有相对较高的叶片水分利用效率。

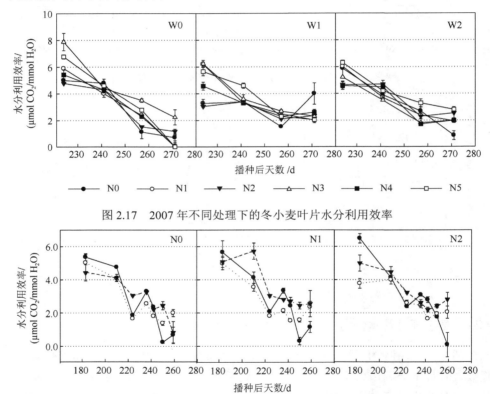

图 2.17　2007 年不同处理下的冬小麦叶片水分利用效率

图 2.18　2008 年不同处理下的冬小麦叶片水分利用效率

2.2.5　冬小麦叶片气孔导度变化特征分析

植物细胞通过气孔与外界进行气体交换，叶片气孔导度是表明气孔特征的重要指标。不同水氮处理下，叶片不同生育阶段的气孔导度（C_{ond}）的测定结果如

图 2.19 和图 2.20 所示。结果表明，灌水处理较旱作处理气孔导度显著增大。在灌浆后期，表现为 W2>W1>W0，各处理间差异显著。旱作处理（W0）条件下，不同施氮量处理间叶片气孔导度差异很小。W1 条件下，灌浆期叶片气孔导度表现为 N3>N5>N1>N4>N2>N0；W2 条件下，灌浆期叶片气孔导度表现为 N4≈N3>N5>N2≈N1>N0。说明施氮和灌水均有利于提高灌浆后期叶片气孔导度，灌水的效果较施氮更加显著。在土壤水分比较充分的情况下（W1 和 W2 处理），施氮效果更加明显，但均以 N3 或 N4 处理叶片气孔导度最大，而非施氮量越大叶片气孔导度越大。

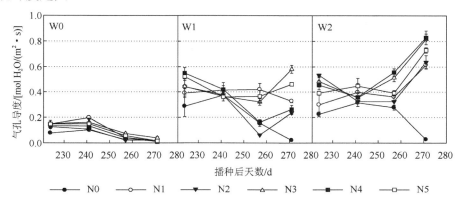

图 2.19　2007 年不同处理下的冬小麦叶片气孔导度

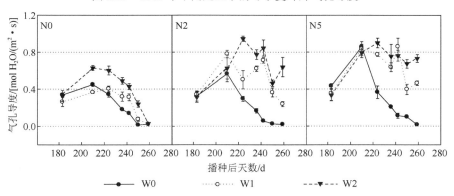

图 2.20　2008 年不同处理下的冬小麦叶片气孔导度

2.2.6　冬小麦叶片气孔限制值变化特征分析

作物叶片光合作用主要受气孔因素和叶绿体光合活性的限制，气孔因素的限制程度通常用气孔限制值（L_s）来表示。图 2.21 和图 2.22 显示了不同水氮处理和冬小麦不同生育阶段的 L_s 变化情况。由图可见，从冬小麦播种后 220d（抽穗期）

到收获，随着生育期进行，冬小麦叶片气孔限制值整体上呈现先增加再降低，在播种后 240d 左右达到最大值，这种变化在 2007 年表现不明显，而在 2008 年表现十分明显，且 2008 年播种后 180d（返青期）到播种后 220d（抽穗期）叶片 L_s 值逐渐降低。播种后 240d，叶片 L_s 随灌水量增加而减小，W0 处理显著大于 W1 和 W2 处理，W1 与 W2 处理差异不大。灌水量越多，不同施氮处理叶片 L_s 差异越小。

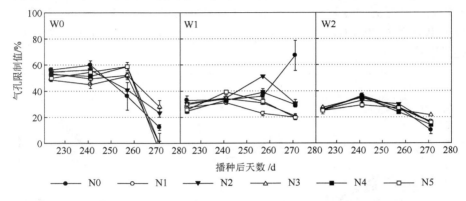

图 2.21　2007 年不同处理下的冬小麦叶片气孔限制值

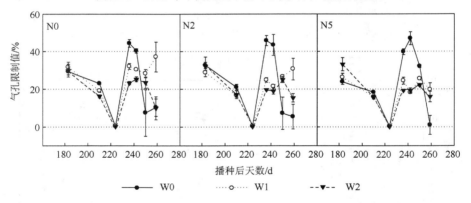

图 2.22　2008 年不同处理下的冬小麦叶片气孔限制值

参 考 文 献

[1] 许大全. 光合作用测定及研究中一些值得注意的问题[J]. 植物生理学通讯, 2006, 42(6): 1163-1167.

[2] 张绪成, 郭天文, 谭雪莲, 等. 氮素水平对小麦根-冠生长及水分利用效率的影响[J]. 西北农业学报, 2008, 17(3): 97-102.

[3] 曹仪植, 宋占午. 植物生理学[M]. 兰州: 兰州大学出版社, 1998.

[4] 王玲, 谢德体, 刘海隆. 玉米叶面积指数的普适增长模型[J]. 西南农业大学学报(自然科学版), 2004, 26(3): 303-311.

[5] 屈卫群, 王绍华, 陈兵林, 等. 棉花主茎叶 SPAD 值与氮素营养诊断研究[J]. 作物学报, 2007, 33(6): 1010-1017.

[6] 上官周平. 氮素营养对旱作小麦光合特性的调控[J]. 植物营养与肥料学报, 1997, 3(2): 105-110.

[7] 肖凯, 张荣铣. 氮素营养调控小麦旗叶衰老和光合功能衰退的生理机制[J]. 植物营养与肥料学报, 1998, 4(4): 371-378.

[8] 张雷明, 上官周平, 毛明策, 等. 长期施氮对旱地小麦灌浆期叶绿素荧光参数的影响[J]. 应用生态学报, 2003, 14(5): 695-698.

[9] 张永丽, 肖凯, 李雁鸣. 灌水次数对杂种小麦冀矮 1/C6-38 旗叶光合特性和产量的影响[J]. 作物学报, 2006, 32(3): 410-414.

[10] 李金才, 余松烈. 不同生育期根际土壤淹水对小麦品种光合作用和产量的影响[J]. 作物学报, 2001, 27(4): 434-441.

[11] 蔡传涛, 蔡志全, 解继武, 等. 田间不同水肥管理下小粒咖啡的生长和光合特性[J]. 应用生态学报, 2004, 15(7): 1207-1212.

第3章　春冬小麦生长特征

小麦株高、叶面积指数和地上生物量的累积过程是反映小麦生长特征的关键指标，也是决定作物产量大小的关键因素。很多学者利用 Logistic 模型来分析农作物的叶面积指数和地上生物量[1-3]。Logistic 模型是由荷兰生物学家与数学家 Verhulst 于 1838 年首先提出来的，也称为生长曲线，它以时间为自变量，来描述群体生长过程[4]，其方程式为

$$Y = \frac{K}{(1 + e^{A+Bt})} \qquad (3.1)$$

式中，Y 为因变量；t 为时间；K 为最大潜力值；A、B 为参数。

通过分析在不同处理下的小麦株高、叶面积指数、地上生物量以及籽粒产量等生长特征，结合 Logistic 模型研究不同处理措施下 Logistic 模型参数的变化特征，从而进一步确定模型参数值，构建小麦生长模型，为旱区小麦的生长特性研究提供参考。

3.1　春小麦生长特征

3.1.1　春小麦株高变化特征

图 3.1 显示了不同灌水量条件下，春小麦株高变化过程。由图 3.1 可知，灌水量直接影响小麦的株高。从整个生育期的平均株高来看，小麦株高并不是随灌水量的增大而增大，而是在一定范围内随灌水量的增加先增大后减小。2011 年各灌水量下的平均株高为 W4>W3>W2>W5>W1>W0，而 2012 年则是 W5 最大，其次为 W4，这与当年的降水量有关。各生育期内小麦株高增长速度也有较大差异，拔节—抽穗期增长速率最大，小麦生长最快。其次是分蘖—拔节期，而在抽穗—成熟期小麦株高增长曲线趋于平缓，增长速度减缓，最终停止生长。经显著性检验，与其他灌水量处理相比，W0 处理的株高与其他处理有显著差异。说明水分是影响春小麦株高的主要因素之一。

3.1.2　春小麦叶面积指数变化特征

叶面积指数（LAI）是指单位种植面积上作物叶片面积的总和。叶面积指数的大小不仅直接影响到作物的蒸腾量，而且影响阳光照射面积的大小与作物光合

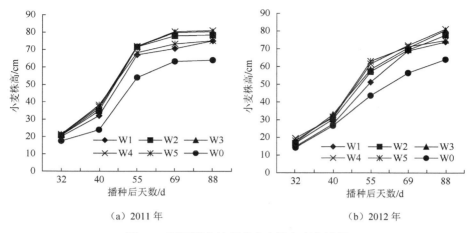

（a）2011 年　　　　　　　　　　　（b）2012 年

图 3.1　不同灌水处理春小麦株高变化过程

作用的能力，从而影响产量。图 3.2 所示的结果表明，叶面积指数总体增长趋势呈现先增大后减小。W1、W2、W3、W4、W5 的叶面积指数最大值出现在灌浆期，而 W0 处理在拔节期出现最大，生长后期叶片萎缩脱落，叶面积指数减小。W0 处理的小麦几乎没有分蘖，且成熟期提前 14d。整个生育期内平均叶面积指数值为 W5>W4>W3>W2>W1>W0。由此可见，灌水越多，小麦叶片生长越旺盛。经显著性检验，与其他灌水量处理相比，W1、W0 处理叶面积指数与其他处理之间呈显著差异。说明低灌水处理对春小麦叶面积指数也具有明显的抑制作用，与其他水分处理下的小麦相比表现出有效分蘖率低、生育期提前的现象。2011 年和 2012 年灌水处理中，W5 的叶面积指数均为最大，而 W1 则为最小。

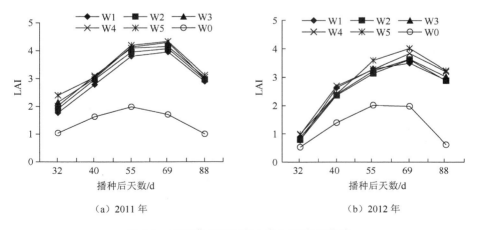

（a）2011 年　　　　　　　　　　　（b）2012 年

图 3.2　不同灌水处理春小麦 LAI 变化曲线

3.1.3　春小麦地上生物量累积特征

在各个生育阶段，春小麦地上生物量累积因受到土壤含水量、气温、降水量和日照等因素的综合影响而呈现巨大差异，总体表现为地上生物量随时间的增加而增大，如图 3.3 所示。高灌水处理下的地上生物量大于低灌水处理。抽穗期是春小麦平均地上生物量增长最大时期，其次为灌浆期。2011 年，成熟期 W4 和 W5 分别增长了 27.72%和 15.42%。W1 和 W2 在成熟期分别增长了 0.35%和 4.29%，而在抽穗期分别增长了 72.65%和 73.83%。而无灌溉 W0 地上生物量变化率在抽穗期、灌浆期和成熟期变化不大。这也反映了水分是影响地上生物量的主要因素。因此，灌水量直接影响小麦地上生物量的增长率。

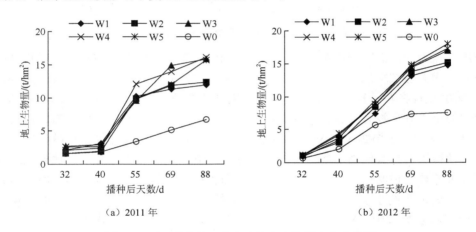

图 3.3　不同灌水处理春小麦地上生物量变化曲线图

3.1.4　春小麦地下生物量累积特征

春小麦对土壤水分的吸收主要决定于根系吸收能力，根系的生长与分布特征直接影响着小麦生产力水平的高低。一般表示小麦根系生长状况的指标主要有根系生物量、比表面积、根冠比、根长和根密度等。春小麦地下生物量的形成也受众多因素的影响，如降水量、灌水量、土壤温度和土壤性质等。

图 3.4 所示的结果表明，春小麦地下生物量呈先增长后减少的趋势。在拔节—抽穗期前期春小麦根系生长量达到最大值，占总根系的 30%以上。在抽穗后期—灌浆前期，W1、W2、W3 处理的春小麦根系质量出现了减少趋势，到灌浆后期—成熟期达到最小值。W4、W5 处理在拔节—抽穗期前期和抽穗后期—灌浆前期春小麦的根系生长量均占到总根系的 30%～31%，在灌浆后期—成熟期小麦根系仅增长了总根系的 16%，比三叶—拔节期少了近 9%。就地下生物量的总量而言，

在各灌水处理之间 W1、W2、W3 处理地下生物量均大于 W4 和 W5 处理，这与地上生物量相反，其中 W1 为 $5.20×10^3kg/hm^2$，W2 为 $5.07×10^3kg/hm^2$，W3 为 $4.90×10^3kg/hm^2$，W4 为 $4.12×10^3kg/hm^2$，W5 为 $4.25×10^3kg/hm^2$，W0 为 $2.93×10^3kg/hm^2$。可见在灌溉条件下，灌水量越小，春小麦地下生物量越大。由此可见，适当的土壤干旱条件可以促进春小麦根系的生长，而充分灌水条件下小麦根系则不发达。

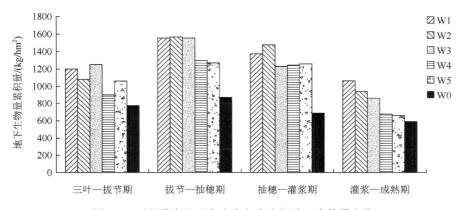

图 3.4　不同灌水处理春小麦各生育期地下生物量变化

3.1.5 春小麦籽粒产量及其构成因素相关性分析

表 3.1 显示了春小麦产量及其构成因素。由表 3.1 可知，灌溉定额对春小麦的产量及其构成要素的影响较大。2011 年和 2012 年均显示各灌水处理的籽粒产量为 W4>W5>W3>W2>W1>W0，其中 W4 处理下的春小麦籽粒产量最大，2011 年为 6877.79kg/hm^2，2012 年为 7012.46kg/hm^2；千粒重为 W4>W5>W3>W2>W1>W0。籽粒产量和千粒重与灌水量之间并不是简单的线性关系，随着灌溉量的增加呈先增加后减少的趋势，过度灌水不利于小麦籽粒的形成。采用 SPSS 软件对各灌水处理下的春小麦产量及其构成要素进行相关性分析。结果显示，W3、W4、W5 处理下小麦籽粒与产量之间无显著性差异，而对于 W0、W1 和 W2 处理，两者间存在着显著性差异。千粒重 W4、W5 和 W1、W2、W3 处理之间差异性显著。收获指数（harvest index，HI）反映了作物同化产物在籽粒和营养器官上的分配比例，是籽粒产量和生物产量之比。2011 年各处理的收获指数为 0.38～0.45，2012 年各处理的收获指数为 0.46～0.59。2011 年 HI 的最大值为 W1 处理的 0.45，最小值是 W0 处理的 0.38。2012 年 W4 处理的 HI 值为 0.59，为最大值。

表 3.1　　春小麦产量及其构成因素

年份	灌水处理	籽粒产量/（kg/hm²）	千粒重/g	每穗小穗个数/个	穗数/个	穗长/cm	收获指数
2011 年	W1	4852.86c	46.05bc	10.65b	411.50b	7.28b	0.45a
	W2	5177.66bc	47.28bc	11.30ab	436.50b	7.48b	0.42ab
	W3	6206.00ab	47.59b	12.8a	470.5a	8.42a	0.40b
	W4	6877.79a	50.81a	13.13a	436.5b	8.62a	0.41ab
	W5	6435.39a	49.72a	12.77a	432.5b	8.54a	0.41ab
	W0	2523.17d	45.34c	10.25b	330.0c	6.30c	0.38b
2012 年	W1	5086.40c	41.19bc	14.62a	503.33a	8.73b	0.52b
	W2	5973.30b	43.09bc	14.90a	507.67a	8.90a	0.53ab
	W3	6423.02ab	46.57ab	14.90a	535.67a	8.75b	0.46ab
	W4	7012.46b	50.90a	15.63a	528.33a	9.94a	0.59a
	W5	6797.12ab	49.16a	15.6a	507.67a	8.90a	0.52b
	W0	2404.54d	40.53c	12.03b	446.67a	6.86c	0.50b

注：表中数据为 3 个灌水处理的平均值；同列数据后标不同小写字母表示 $P=0.05$ 水平有显著性差异。

　　各灌水处理下的春小麦穗数和每穗小穗个数差异不显著。春小麦的穗长也是随着灌溉量的增加而呈先增加后减小的趋势。2011 年和 2012 年各灌水处理中均是 W3 处理的春小麦的穗数最多，但是籽粒产量和千粒重为 W4 处理最大。可见在穗数合理的前提下，土壤含水量适当，小穗结实数多，导致千粒重和籽粒产量增加，这是春小麦获得超高产的一个重要原因。如表 3.1 所示，W0 与其他处理在籽粒产量、千粒重、穗数、每穗小穗个数和穗长均差异显著。

3.2　春小麦生长数学模型

　　通常叶面积指数和地上生物量被用来描述小麦生长过程，但是这些指标的测定需要专业的技术人员和专门的实验仪器设备，而这些专业的仪器设备资金投入大，且对于农户而言仪器操作难以掌握，在田间不易简单测定，因此很难及时准确掌握小麦的生长状况。在春小麦各项生长指标中最容易准确测定的指标是植株体的高度，本书通过准确测定不同生育期小麦的株高，利用 Logistic 曲线模型来建立株高与叶面积指数和地上生物量之间的关系式，以此来模拟计算各生育期的叶面积指数和地上生物量。

　　由图 3.1～图 3.3 曲线的变化特征可以看出，春小麦株高、叶面积指数、地上生物量在整个生育期内呈缓慢生长—快速生长—缓慢生长的动态生长趋势[5]。具体表现为开始生长较为缓慢，以后随着时间的推移，在某个时间段内增长速度加快，而后生长速度又趋于缓慢，直至最后停止生长，符合 Logistic 曲线模型的特

点。因此，为了定量分析不同灌水量条件下株高、叶面积指数、地上生物量变
化过程，采用经典 Logistic 曲线模型和王信理提出的 Logistic 修正模型[6]进行分
析。

3.2.1　春小麦株高与时间关系

为了定量分析不同灌水量条件下株高变化过程，利用 Logistic 曲线进行分析，
具体公式表示为

$$H = H_{\mathrm{m}} / (1 + a_1 \mathrm{e}^{b_1 t}) \tag{3.2}$$

式（3.2）变形为 $\dfrac{H_{\mathrm{m}}}{H} - 1 = a_1 \mathrm{e}^{b_1 t}$，两边同时取对数，可得

$$\ln\left(\frac{H_{\mathrm{m}}}{H} - 1\right) = \ln a_1 + b_1 t \tag{3.3}$$

式中，H 为小麦株高，cm；H_{m} 为小麦最大株高，cm；t 为小麦播种后的天数，d；
a_1、b_1 为待定系数。

利用式（3.2）对试验数据进行拟合，结果列在表 3.2 中，$R^2 \geqslant 0.94$。由表 3.2
可以看出，随着灌水量的增加，最大株高呈先增大后减小的变化趋势，而参数 a_1、
b_1 变化幅度较小，取 a_1、b_1 的平均数代表小麦株高变化特征，分别为 116.30 和
-0.12。因此，不同灌水量条件下株高可以表示为

$$\frac{H_{\mathrm{m}}}{H} = 1 + 116.30 \mathrm{e}^{-0.12 t} \tag{3.4}$$

表 3.2　不同灌水处理小麦株高 Logistic 曲线拟合参数

灌水处理	a_1	b_1	$H_{\mathrm{m}}/\mathrm{cm}$	R^2
W1	106.7404	−0.1153	74.4	0.98
W2	107.9100	−0.1206	78.9	0.94
W3	110.0000	−0.1200	80.8	0.94
W4	115.0500	−0.1204	81.5	0.97
W5	133.8474	−0.1241	75.9	0.99
W0	124.2400	−0.1175	64.4	0.97

3.2.2　春小麦叶面积指数与时间关系

小麦叶面积指数随着生育期的变化与经典的 Logistic 曲线模型所反映形式不
尽相同。叶面积指数在灌浆期达到最大值，而后在生殖生长的后期随着叶片的成
熟、衰老、枯黄，叶面积指数降低（图 3.2）。因此，必须经过修正才可用于叶面
积指数变化的动态模拟。据此王信理提出了 Logistic 修正模型[6]。

$$L = \frac{L_m}{1 + e^{c_1 + c_2 t + c_3 t^2}}$$ （3.5）

式中，L 为小麦叶面积指数；L_m 为最大叶面积指数；t 为小麦播种后的天数，d；c_1、c_2 和 c_3 为待定系数。

用 Logistic 修正式（3.5）来拟合春小麦叶面积指数变化过程，具体参数变化如表 3.3 所示。由表 3.3 可以看出，c_1、c_2、c_3 值同样变化幅度较小，取其平均值代表叶面积指数变化特征，c_1 为 7.4046、c_2 为 −0.2973、c_3 为 0.0024。最大叶面积指数（L_m）随着灌水量的增加先增大后减小。因此，不同灌水量条件下叶面积指数变化过程可表示为

$$\frac{L_m}{L} = 1 + e^{7.4046 - 0.2973t + 0.0024t^2}$$ （3.6）

表 3.3　不同灌水处理下小麦叶面积指数 Logistic 曲线拟合参数

灌水处理	c_1	c_2	c_3	L_m	R^2
W1	7.7886	−0.3037	0.0024	4.48	0.99
W2	7.6034	−0.3004	0.0024	4.63	0.99
W3	7.5121	−0.2989	0.0024	4.86	0.98
W4	7.5238	−0.3001	0.0024	4.74	0.99
W5	7.3364	−0.2984	0.0024	4.81	0.96
W0	6.5425	−0.2773	0.0024	2.30	0.93

3.2.3　春小麦地上生物量与时间关系

为了定量分析不同灌水量条件下地上生物量的变化过程，利用 Logistic 曲线进行分析，具体表示为

$$B = B_m / (1 + a_2 e^{b_2 t})$$ （3.7）

式中，B 为小麦地上生物量，kg/hm^2；B_m 为最大地上生物量，kg/hm^2；t 为小麦播种后的天数，d；a_2 和 b_2 为待定系数。

利用式（3.7）对试验数据进行拟合，春小麦地上生物量的 Logistic 曲线拟合参数如表 3.4 所示。由表 3.4 可以看出，灌水处理对小麦生物量累积过程产生一定的影响，对于 Logistic 模型表现为最大生物量随着灌水定额的变化而显示出先增加后减小的变化特征。拟合的 R^2 都大于 0.86，显示公式能够很好反映春小麦生物量累积过程。由于 a_2、b_2 变化幅度较小，仍取 a_2、b_2 平均数代表变化过程，分别为 609.22 和-0.12。因此，不同灌水量条件下生物量变化过程方程为

$$\frac{B_{\mathrm{m}}}{B} = 1 + 609.22\mathrm{e}^{-0.12t} \tag{3.8}$$

表 3.4　不同灌水处理春小麦地上生物量 Logistic 曲线拟合参数

灌水处理	a_2	b_2	B_{m} /（t/hm²）	R^2
W1	454.00	-0.1361	12.00	0.98
W2	679.53	-0.1366	12.43	0.98
W3	796.72	-0.1385	15.87	0.98
W4	876.73	-0.1373	16.15	0.96
W5	819.80	-0.1345	15.71	0.91
W0	28.56	-0.0618	7.03	0.99

3.2.4　春小麦株高与叶面积指数间 Logistic 模型

叶面积指数和地上生物量的生长变化特征是反映春小麦田间生长状况的重要指标。但株高（H）对于农民来说则是最方便田间测定春小麦的生长指标之一。因此，通过分析株高和叶面积指数的关系、株高与地上生物量的关系，确定适合当地气候环境下春小麦生长的经典 Logistic 曲线模型参数的基础上，用株高作为因变量建立新的 Logistic 曲线模型，以此来模拟计算春小麦的叶面积指数和地上生物量。

由株高与时间关系式（3.4），可以获得

$$t = \frac{\ln\left(\frac{H_{\mathrm{m}}}{H} - 1\right) - \ln 116.30}{-0.12} \tag{3.9}$$

利用上面分析的叶面积与时间关系，$\frac{L_{\mathrm{m}}}{L} = 1 + \exp(7.38 - 0.30t + 0.0024t^2)$，可得到株高与叶面积关系，具体表示为

$$L = L_{\mathrm{m}} \left/ \left\{ 1 + \exp\left(7.38 - 0.30 \cdot \frac{\ln\left(\frac{H_{\mathrm{m}}}{H} - 1\right) - \ln 116.30}{-0.12} + 0.0024 \cdot \left[\frac{\ln\left(\frac{H_{\mathrm{m}}}{H} - 1\right) - \ln 116.30}{-0.12} \right]^2 \right) \right\} \right. \tag{3.10}$$

将不同灌水处理下株高的实测值 H，代入式（3.10），即可计算出 L 值。图 3.5 显示的结果可以看出，叶面积指数的模拟值和实测值之间有较好的拟合关系。因此，在野外测定叶面积指数条件受限的情况下，可以利用不同生育期的实测株高来预测相应的叶面积指数。

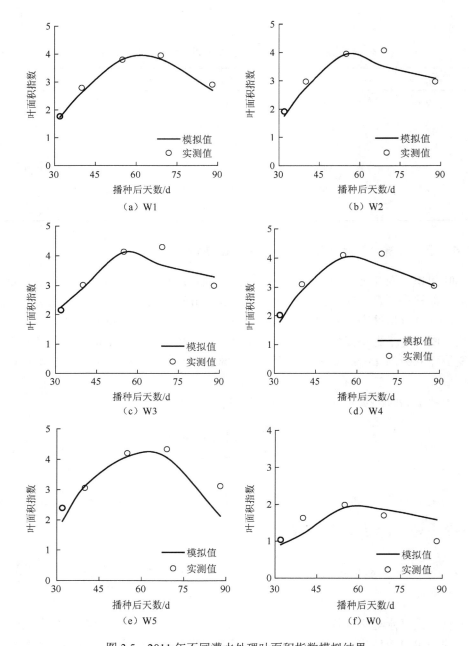

图 3.5　2011 年不同灌水处理叶面积指数模拟结果

3.2.5　春小麦株高与地上生物量间 Logistic 模型

根据地上生物量与时间关系和株高与时间关系，可以获得地上生物量与株高关系，具体表示为

$$B = B_{\mathrm{m}} \bigg/ \left\{ 1 + a_2 \exp\left(b_2 \left[\frac{\ln\left(\frac{H_{\mathrm{m}}}{H} - 1 \right) - \ln a_1}{b_1} \right] \right) \right\} \qquad (3.11)$$

将表 3.2 和表 3.4 所列参数值 a_1、b_1、a_2、b_2、H_{m}、B_{m} 代入式（3.11），就可以根据不同灌水处理下株高的实测值 H，计算出 B 值，结果如图 3.6 所示。由图可以看出，地上生物量的模拟值和实测值之间有较好的拟合关系。

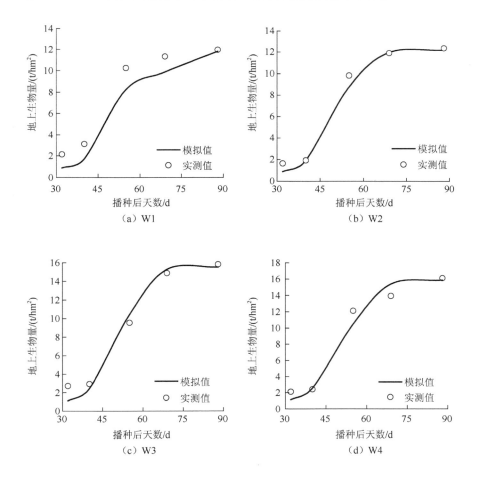

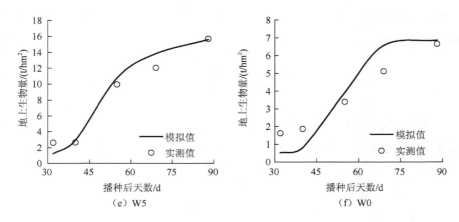

图 3.6　2011 年不同灌水处理地上生物量模拟结果

3.2.6　春小麦生长模型评估

为了检验模型模拟结果的准确性，利用 2012 年的实测数值对模型进行评估。其中，模型的各参数中最大株高（H_m）、最大叶面积指数（L_m）和最大地上生物量（B_m）的值根据当年的大田实验测定结果进行确定。2012 年的各生长指标极值如表 3.5 所示，并用 2012 年的实测数据对修正后的 Logistc 模型进行验证，叶面积指数的模拟值与实测值如图 3.7 所示，地上生物量的模拟值与实测值如图 3.8 所示。2011 年和 2012 年的模拟值与实测值的相对误差如下。

表 3.5　2012 年不同灌水处理下各生长指标极值的实测值

灌水处理	H_m/cm	L_m	B_m/（t/hm²）
W1	75.0	3.90	15.50
W2	76.0	4.03	17.50
W3	79.0	4.05	17.87
W4	80.2	4.14	18.95
W5	81.3	4.21	19.71
W0	58.5	2.30	7.80

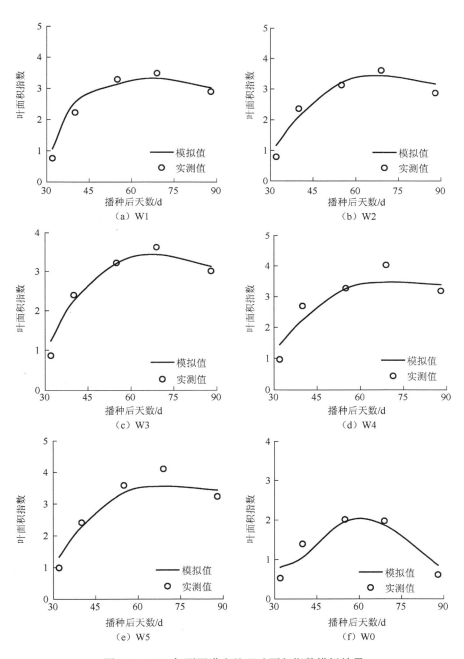

图 3.7　2012 年不同灌水处理叶面积指数模拟结果

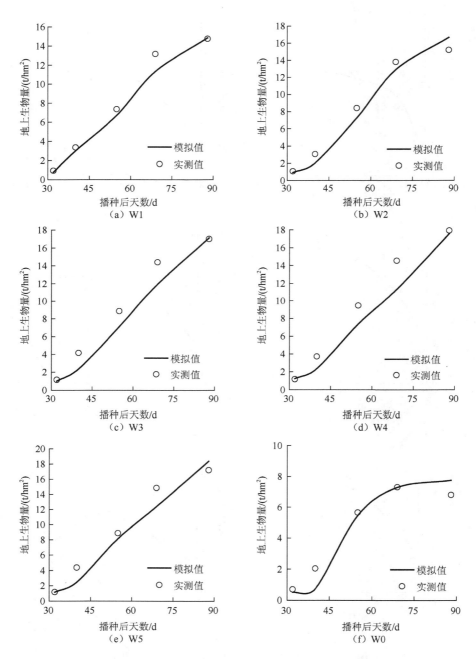

图 3.8 2012 年不同灌水处理地上生物量模拟结果

2011 年各水分处理的模拟结果显示，叶面积指数的均方根误差（RMSE）为 0.15～0.81，相关系数（R^2）为 0.75～0.98；地上生物量均方根误差为 0.21～1.37t/hm^2，相关系数为 0.73～0.98。2012 年各水分处理的模拟结果显示，叶面积指数的均根误差为 0.20～0.39，相关系数为 0.85～0.94；地上生物量均方根误差为 0.73～1.83t/hm^2，相关系数为 0.91～0.98。以上结果均表明，Logistic 修正模型可以很好地模拟春小麦的叶面积指数和地上生物量。

3.3　冬小麦生长特征

为了研究不同灌水量条件对作物生长过程的影响，本节根据 2010～2011 年生长季试验结果，分别对四种灌溉水平下冬小麦的株高、叶面积指数和生物量随着有效积温（GDD）的增长过程进行了分析。

3.3.1　冬小麦株高变化特征

图 3.9 显示了不同灌水量条件下冬小麦株高（H）变化过程。由图可知，小麦株高直接受灌水量的影响，从整个生育期的平均株高来看，小麦株高并不是随灌水量的增大而增大，而是在一定范围内随灌水量的增加先增大后减小。自 2011 年 3 月 30 日起（GDD>800℃），随着温度的升高，冬小麦加速增长。冬小麦开始返青，株高明显增加。到 5 月 25 日（1800℃<GDD<2011℃），各灌水处理的株高几乎都达到最大值，平均株高表现为 W4>W3>W2>W1>W0，随着灌水量的增加依

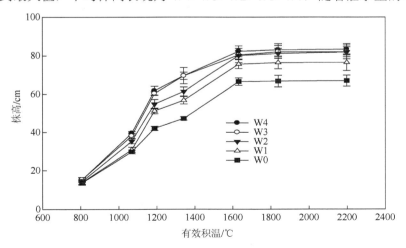

图 3.9　2011 年不同灌水处理冬小麦株高变化曲线

次增大。其中四次灌水处理的株高最大，为 87.1cm，其次是两次灌水，为 80.2cm，W0 株高最低为 69.3cm。但不同灌溉处理株高增加率不同，W0、W1、W2、W3、W4 处理的株高增长率分别为 0.98cm/d、1.07cm/d、1.16cm/d、1.10cm/d 和 1.26cm/d。抽穗期以后，所有处理的株高几乎都达到了最大值。因此，在抽穗—成熟期，小麦株高增长曲线趋于平缓，增长速度减缓，最终停止增长。

3.3.2　冬小麦叶面积指数变化特征

叶面积指数的大小，不仅直接影响到作物的蒸腾量，而且影响阳光照射面积的大小与作物光合作用的能力，从而影响作物产量。由图 3.10 所示的结果表明，叶面积指数总体变化趋势为先增大后减小。各灌水处理的叶面积指数达到最大值的时期一般在开花期或灌浆阶段。其略早于株高达到最大值的时间。在 2011 年 5 月 10 日（1200℃<GDD<1400℃），不同处理叶面积指数陆续达到最大值。其中 W2 处理的叶面积指数量高达 5.5，其次是 W3、W4（5.1），W0 处理的叶面积指数最低，为 2.7。生长后期随着叶片萎缩脱落，叶面积指数随着播种时间和有效积温的增加而下降。不同灌溉处理下，叶面积指数增长速率不同，按照灌水量的增加依次为 0.11d^{-1}、0.11d^{-1}、0.16d^{-1}、0.19d^{-1} 和 0.15d^{-1}。与其他灌水量处理相比，W1、W0 处理叶面积指数较低，说明灌水对冬小麦的叶面积指数增加具有促进作用。W0 处理小麦与灌溉处理小麦相比存在有效分蘖率低及生育期提前等现象。

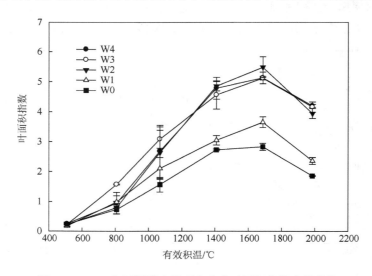

图 3.10　2011 年不同灌水处理冬小麦叶面积指数变化曲线

3.3.3 冬小麦地上生物量变化特征

图 3.11 显示了不同灌水情况下，冬小麦地上生物量变化过程。由图 3.11 可知，地上生物量随有效积温的增加而增大，与株高变化趋势类似。前期增长速度快，后期增长速度缓慢并逐渐接近平稳。高灌水处理下的地上生物量大于低灌水处理。随着温度的升高，冬小麦返青以后，地上生物量显著增加。从 2011 年 6 月 1 日（1600℃<GDD<1800℃）起，其增长开始缓慢。冬小麦完全成熟后，不同灌水处理的地上生物量积累达到最大值，随着灌水量的增加依次为 8.91t/hm²、11.67t/hm²、13.57t/hm²、14.29t/hm²、13.22t/hm²。冬小麦地上生物量受到土壤含水量、气温、降水量、日照等因素的综合影响，差异较大。

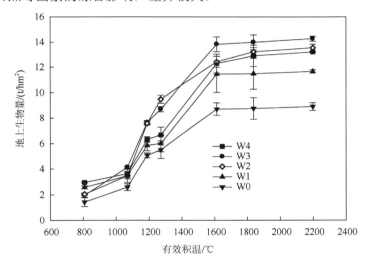

图 3.11　2011 年不同灌水处理冬小麦地上生物量变化曲线

3.3.4 冬小麦产量和水分利用效率

2010～2011 年和 2011～2012 年两个生长季的不同灌水处理产量和水分利用效率见表 3.6。由表 3.6 可知，2010～2011 年冬小麦籽粒产量随着灌水量的增加有依次增加的趋势，W3 和 W4 处理显著高于其他处理，W0 处理最低，达到显著水平。W4 处理的水分利用效率最高，为 15.5，其次是 W1，为 14.0。2011～2012 年的籽粒产量 W2 处理最高，其次为 W0 和 W1 处理。高灌水处理（W3、W4）的产量最低，水分利用效率也较低。两年结果比较可以看出，2010～2011 年生长季的水分利用效率明显高于 2011～2012 年生长季，这主要与降水量有关。2010～2011 年生长季生育期内降水量为 596.1mm，2011～2012 年生长季为 666.8mm。说明在降水充足的年份里，过高的补充灌溉条件下各器官对产量的贡献量均较小，因此导致产量不增加甚至降低。

表 3.6　不同灌水处理冬小麦产量与水分利用效率

处理	籽粒产量/(t/hm²)		水分利用效率/[kg/（hm²·mm）]	
	2010～2011 年	2011～2012 年	2010～2011 年	2011～2012 年
W4	7.88a	6.20c	15.5	6.13
W3	7.92a	6.40c	12.4	6.49
W2	7.16b	7.56a	13.3	8.24
W1	6.71b	6.79bc	14.0	7.74
W0	4.48c	7.24ab	12.3	8.70
误差来源	—		—	—
处理	***	—	—	—
年	***	—	—	—
处理×年	***	—	—	—

注：表中同一列数字后不同字母表示处理间差异达显著水平（$P < 0.05$）；***表示显著水平达到 $P < 0.001$。

3.4　冬小麦生长数学模型

　　小麦株高、叶面积指数和地上生物量是描述其生长的重要指标，与作物最后的产量密切相关。由图 3.9～图 3.11 可知，冬小麦株高和地上生物量在整个生育期内呈缓慢生长—快速生长—缓慢生长的动态生长趋势。开始生长较为缓慢，随着时间的推移，在某个时间段内增长速度加快，而后生长速度又趋于缓慢，直至最后停止生长，符合经典 Logistic 曲线模型的特点。而叶面积指数增长曲线不同于经典的 Logistic 模型曲线形式，它随着播种时间先增加，后增加平缓，到达最大值以后又有所降低。因此，为了定量分析不同灌水量条件下叶面积指数的变化过程，采用王信理提出的改进 Logistic 模型进行分析。同时，传统的利用时间来表示小麦生长历程，由于气候变化，小麦每年生长发育时间不尽相同。为了便于应用，利用有效积温代替时间，发展具有广泛意义的生长模型。

3.4.1　冬小麦株高与有效积温关系

　　为了定量分析不同灌水量条件下株高变化过程，利用 Logistic 曲线进行分析，具体公式表示为

$$H = H_{\mathrm{m}} / (1 + \mathrm{e}^{a_1 + b_1 \mathrm{GDD}}) \tag{3.12}$$

式中，H 为小麦株高，cm；H_{m} 为小麦最大株高，cm；GDD 是播种后有效积温，℃；a_1、b_1 为待定系数。利用式（3.12）对 2010～2011 年试验数据进行拟合，结果见表 3.7，其中 R^2 大于 0.95。由表 3.7 可以看出，随着灌水量的增加，最大株高也依次有所增加，而 Logistic 曲线的参数 a_1、b_1 变化较小。

表 3.7　不同灌水处理下冬小麦株高 Logistic 曲线拟合参数表

灌水处理	a_1	b_1	H_m/cm	R^2
W0	6.7542	−0.00632	67.05	0.9626
W1	7.0615	−0.00657	76.56	0.9869
W2	6.6514	−0.00611	81.91	0.9504
W3	6.8235	−0.00657	82.06	0.9757
W4	6.4953	−0.00624	83.34	0.9917
平均	6.7572	−0.00636	—	—

3.4.2　叶面积指数与有效积温关系

小麦叶面积指数随着生育期的变化与经典的 Logistic 曲线模型形式不尽相同。叶面积指数在灌浆期达到最大值，而后在生殖生长的后期随着叶片的成熟、衰老、枯黄，叶面积指数降低。因此，经典的 Logistic 曲线模型必须经过修正才可用于叶面积指数变化的动态模拟。据此王信理提出了 Logistic 的修正模型为

$$L = L_m / (1 + e^{a_2 + b_2 GDD + c GDD^2}) \qquad (3.13)$$

式中，L 为小麦叶面积指数；L_m 为最大叶面积指数；GDD 为小麦播种后有效积温，℃；a_2、b_2、c 为待定系数。用 Logistic 修正式来拟合冬小麦叶面积指数变化过程。具体参数如表 3.8 所示，最大叶面积指数随着灌水量的增加先增大后略有减小，R^2 均大于 0.94。

表 3.8　不同灌水处理下冬小麦叶面积指数 Logistic 曲线拟合参数

灌水处理	a_2	b_2	c	L_m	R^2
W0	7.8488	−0.0086652	2.8021×10^{-6}	2.81	0.9767
W1	8.3746	−0.0096971	3.1499×10^{-6}	3.63	0.9430
W2	8.5582	−0.0098386	3.0273×10^{-6}	5.25	0.9781
W3	8.2226	−0.0098411	3.1238×10^{-6}	5.42	0.9693
W4	8.1099	−0.0092517	2.8265×10^{-6}	5.21	0.9989
平均	8.2228	−0.0094587	2.9859×10^{-6}	—	—

3.4.3　冬小麦地上生物量与有效积温关系

为了定量分析不同灌水处理条件下地上生物量的变化过程，利用 Logistic 曲线进行分析，具体公式表示为

$$B = B_m / (1 + e^{a_3 + b_3 GDD}) \qquad (3.14)$$

式中，B 为小麦地上生物量，t/hm²；B_m 为最大地上生物量，t/hm²；GDD 为小麦播种后的有效积温，℃；a_3 和 b_3 为待定系数。利用式（3.14）对试验数据进行拟

合，冬小麦地上生物量具体拟合参数列在表 3.9 中。由表 3.9 可以看出，灌水量对小麦生物量累积过程产生一定的影响，最大生物量会随着灌水量的变化而显示出先增加后减小的变化规律。拟合的 R^2 大于 0.93，说明模型能很好地反映冬小麦生物量累积过程。

表 3.9 不同灌水处理下冬小麦地上生物量 Logistic 曲线拟合参数

灌水处理	a_3	b_3	B_m/（t/hm²）	R^2
W0	6.0607	−0.00526	8.93	0.9827
W1	6.2525	−0.00548	11.68	0.9338
W2	6.2884	−0.00538	13.57	0.9745
W3	6.5722	−0.00566	14.30	0.9877
W4	6.2356	−0.00531	13.22	0.9528
平均	6.2819	−0.00542	—	—

3.4.4 参数标准化分析

由前面分析可以看出，不同灌水处理对参数（a_1、b_1、a_2、b_2、a_3、b_3 和 c）影响很小，也表明灌水量对模型的形状系数影响很小，而主要影响其最大值。因此，对不同灌水量下的参数进行标准化处理，构建统一作物生长模型。由此，不同灌水量下株高、地上生物量和叶面积指数的变化过程方程形式为

$$\frac{H_m}{H} = 1 + e^{6.7572 - 0.00636 GDD} \quad (3.15)$$

$$\frac{L_m}{L} = 1 + e^{8.2228 - 0.0094587 GDD + 2.9859 \times 10^{-6} GDD^2} \quad (3.16)$$

$$\frac{B_m}{B} = 1 + e^{6.2819 - 0.00542 GDD} \quad (3.17)$$

参数标准化以后，使用以上 3 个公式模拟计算 2010～2011 年生长季的冬小麦株高、叶面积指数和地上生物量。模拟值与测量值之间的相对误差列于表 3.10。结果显示，相对误差除了 W0 和 W1 处理，其余株高相对误差小于 10%，可以认为灌溉量对参数影响不大，对参数归一化处理是可行的。

表 3.10 参数标准化后模拟冬小麦株高、地上生物量和叶面积指数的相对误差

灌水处理	株高/%	叶面积指数/%	地上生物量/%
W0	11.56	2.09	1.09
W1	11.32	1.77	0.36
W2	8.30	1.43	0.50
W3	7.33	1.27	0.75
W4	0.04	0.16	0.06

3.4.5　耗水量与冬小麦作物生长特征指标最大值关系

由以上分析可知，不同灌水处理的 Logistic 模型参数（a、b、c）变化很小，而不同灌水处理的株高、叶面积指数和地上生物量的最大值却不同。株高、叶面积指数和地上生物量与耗水量的关系如图 3.12 所示。由图可以看出，各变量最大值与耗水量关系密切。即灌溉定额对作物生长曲线的形状影响不大，而直接影响作物的株高、叶面积指数和地上生物量的最大值。其关系式为

$$H_m = -0.0002W^2 + 0.2504W + 11.4765 \qquad (3.18)$$

$$L_m = 2.035 \times 10^{-5} W^2 + 0.0278W - 4.1899 \qquad (3.19)$$

$$B_m = -3.8907 \times 10^{-5} W^2 + 0.05W - 2.5292 \qquad (3.20)$$

式中，W 为耗水量，mm。

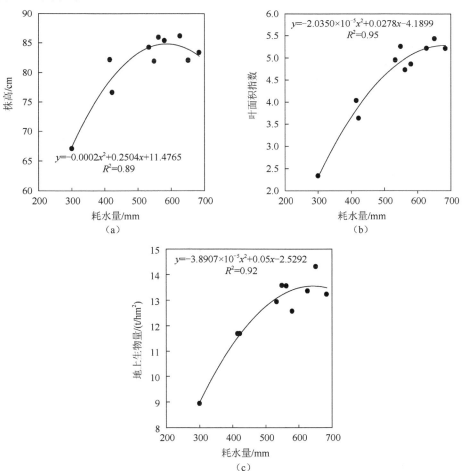

图 3.12　冬小麦株高（a）、叶面积指数（b）和地上生物量（c）与耗水量的关系

3.4.6 冬小麦株高与叶面积指数关系

结合株高与有效积温的关系式和叶面积指数与有效积温的关系式，可以得到

$$
L = (L_{\mathrm{m}} + 9) \Bigg/ \Bigg\{ 1 + \exp\Bigg(8.228 - 0.0094587 \cdot \frac{\ln\left(\frac{H_{\mathrm{m}}}{H} - 1\right) - 6.75718}{-0.00636}
$$

$$
+ 2.9859 \times 10^{-6} \cdot \left[\frac{\ln\left(\frac{H_{\mathrm{m}}}{H} - 1\right) - 6.75718}{-0.00636} \right]^2 \Bigg) \Bigg\}
\tag{3.21}
$$

式（3.21）为叶面积指数和株高之间的关系式。根据冬小麦株高的实测值 H，代入该式，可计算叶面积指数 L。

3.4.7 冬小麦株高与地上生物量关系

结合地上生物量与有效积温的关系式和株高与有效积温的关系式，获得地上生物量与株高关系，具体表示为

$$
B = B_{\mathrm{m}} \Bigg/ \left\{ 1 + \exp\left[6.28188 - 0.0054171 \cdot \left(\frac{\ln\left(\frac{H_{\mathrm{m}}}{H} - 1\right) - 6.75718}{-0.00636} \right) \right] \right\}
\tag{3.22}
$$

式（3.22）为地上生物量和株高之间的关系式。根据冬小麦株高的实测值 H，代入方程，可计算地上生物量 B。

3.4.8 冬小麦生长模型评估

为了检验修正后的模型的准确性，利用 2011～2012 年生长季的试验数据对模型进行评估，叶面积指数和地上生物量的模拟结果分别如图 3.13 和图 3.14 所示。叶面积指数和地上生物量的模拟值和实测值之间都有较好的吻合度。2011～2012 年生长季的叶面积指数的模拟值与实测值的均方根误差（RMSE）为 0.09～0.54，相关系数（R^2）分别为 0.9578、0.8749、0.9559、0.9751、0.9948，Re 为 0.026%～15.23%。2011～2012 年生长季不同灌水量条件下地上生物量的均方根误差为 0.56～0.83，相关系数分别为 0.9578、0.9698、0.9974、0.9723、0.9727，Re 为 5.78%～8.79%。叶面积指数的均方根误差比生物量小，其分别为 0.31、0.51、0.54、0.38、0.09，而生物量的 RMSE 分别为 0.69、0.55、0.83、0.62、0.56。由此可见，修正后的 Logistic 模型可以很好地模拟作物叶面积指数和地上生物量。其中对叶面积指数的模拟效果好于地上生物量。因此，在野外测定地上生物量条件受限的情况下，可以利用冬小麦不同生育期的实测株高和耗水量来预测叶面积指数和地上生物量的积累过程。

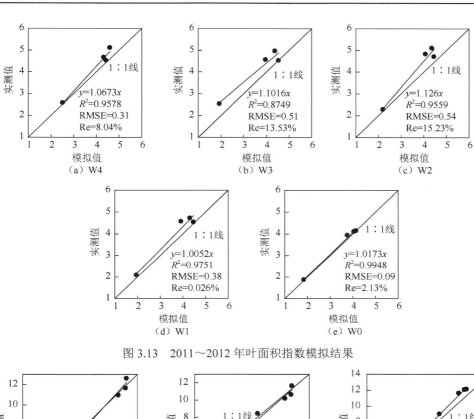

图 3.13　2011～2012 年叶面积指数模拟结果

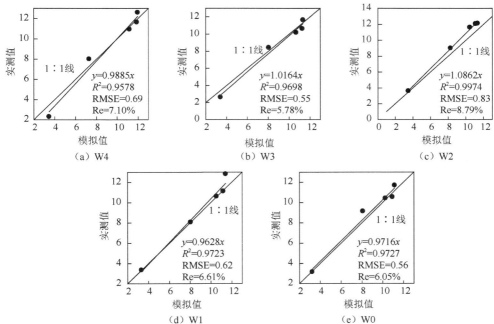

图 3.14　2011～2012 年地上生物量模拟结果

地上生物量单位：t/hm²

参 考 文 献

[1] DUGUID S D, BRULE BABEL A L. Rate and duration of grain filling in five spring wheat (Triticum aestivum L.) genotypes[J]. Canadian Journal of Plant Science, 1994, 74(4):681-686.

[2] DARROCH B A, BAKER R J. Grain filling in three spring wheat genotypes: Statistical analysis[J]. Crop Science, 1999, 30: 525-529.

[3] 余爱华. Logistic 模型的研究[D]. 南京: 南京林业大学, 2003.

[4] 陈万权，徐世昌，吴立人. 中国小麦条锈病流行体系与持续治理研究回顾与展望[J]. 中国农业科学, 2007, 40 (S1): 177-183.

[5] PENG S Z，LI R C, ZHU C L. Dry matter growth model for paddy in water-saving irrigation[J]. Journal of Hydraulic Engineering, 2001, 11:99-102.

[6] WANG X L. How to use Logistic equation in the dry matter accumulation dynamic simulation[J]. Agricultural Meteorology, 1986, 7:14-19.

第4章 春冬小麦耗水特征和水分利用效率

水是植物体的重要组成成分，同时也是土壤-植物-大气连续体（SPAC）系统物质传输的载体。水分在 SPAC 中传输时要通过系统的多个界面，并发生能量交换[1,2]，因此受到多种因素的影响。本章针对试验区降水与灌溉条件以及作物的生长特征，研究了不同灌水量和水肥耦合情况下，整个生育期小麦耗水规律和水分利用效率，为建立合理的灌溉制度和田间水肥管理模式提供了依据。

4.1 春小麦耗水特征

4.1.1 春小麦全生育期土壤含水量变化特征

在不同灌水处理下，土壤含水量随着剖面土层的加深而发生显著变化。在表层 0～20cm，土壤含水量随灌水时间呈规律性变化，4 个波峰的顶点处于四个灌水时期。与其他处理相比，W5 处理的土壤含水量最大，其次为 W4 处理。总体 W1、W2 处理较 W3、W4、W5 处理下的表层 0～20cm 土壤含水量的变化曲线波动要大[图 4.1（a）]，但土壤含水量变化波动幅度最小。而 W0 处理因无灌水，所以表层土壤含水量变化主要受降水量的影响。播种后，随着气温的升高和降水量的增加，W0 处理的土壤含水量也随之增加，而后受到作物蒸腾消耗而减少，中间由于受到降水量大小和测定时间的影响呈现了波动的上升变化曲线。图 4.1（b）显示了 40～80cm 深度土壤含水量的变化趋势，随着灌水量的减少而减小，特别是在 6 月下旬～7 月中旬，为失墒期，土壤含水量下降幅度较大。可见高灌水处理对 40～80cm 深度土壤含水量的影响较大。图 4.1（c）显示了 100～160cm 深度土壤含水量的变化。在拔节期以前 W1 土壤含水量最高，随着小麦地下、地上生物量增长，作物水分消耗量增加。W4、W5 处理土壤含水量大于其他处理下的土壤含水量。与 100～160cm 深度土壤含水量相比，180～300cm 深度，各灌水处理下的土壤含水量的变化曲线基本一致[图 4.1（d）]。W1 处理含水量最高，其次为 W4 处理与 W0 处理，W3 处理最小。这说明了灌水量的大小对 180～300cm 土层内含水量几乎没有影响，而土壤含水量波动主要是由土壤自身含水量决定的。因此，在水量平衡方程中选取 0～200cm 土层的储水量来计算春小麦各个生育期的耗水量。

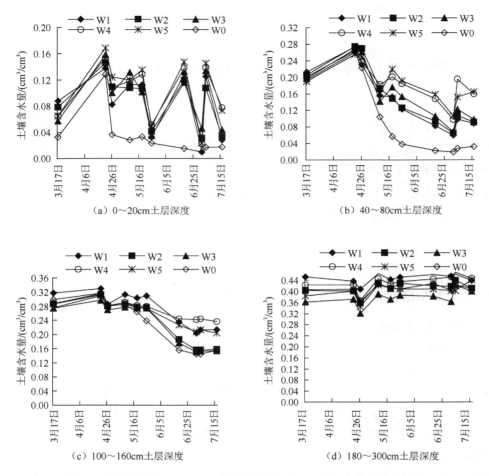

图4.1　不同灌水量下0～300cm土层深度春小麦全生育期土壤含水量

4.1.2　春小麦不同生育阶段耗水特征

根据水量平衡法计算了春小麦出苗期—拔节前期、拔节后期—抽穗前期、抽穗后期—灌浆前期和灌浆后期—成熟期四个时期的耗水量，如表4.1所示。由表4.1可知，每个时期的耗水量随着灌水量增大而增大。其中，拔节后期—抽穗前期是四个生育期中耗水量最多的时期，W0处理达到总耗水量的50%以上，而其他处理耗水量也都超过了总耗水量的30%。在出苗期—拔节前期、拔节后期—抽穗前期、抽穗后期—灌浆前期和灌浆后期—成熟期的降水量分别为：2011年依次为7.6mm、0.6cm、10.2mm和36.40mm；2012年依次为5.6mm、7.2mm、23mm和23.40mm。在相同的灌水条件下，拔节后期—抽穗前期作物的耗水量中原有土壤水消耗量最大。出苗期—拔节前期是春小麦耗水量最小的时期，总体的耗水量不超过总耗水量的 20%，在此期间，春小麦处于冠层生长阶段，耗水量主要受土面蒸发的影响，而植株耗水量较小。抽穗后期—灌浆前期是春小麦的第二个耗水关键期，耗水量略大于灌浆后期—成熟期。因此，在农田水分管理方面，应在春小麦需水关键期，即拔节后期—抽穗前期进行及时的补充灌溉。

表 4.1　春小麦不同生育阶段耗水量及其百分比

年份	灌水处理	出苗期—拔节前期（BJ）/mm	拔节后期—抽穗前期（CS）/mm	抽穗后期—灌浆前期（GJ）/mm	灌浆后期—成熟期（SH）/mm	耗水量占比/%			
						BJ	CS	GJ	SH
2011年	W0	29.12	146.66	62.98	51.87	10	50	22	18
	W1	93.35	164.02	125.37	114.92	19	33	25	23
	W2	98.39	166.10	148.01	128.81	20	31	27	24
	W3	121.85	180.68	129.34	143.31	20	32	23	25
	W4	126.67	193.14	141.32	148.56	21	32	23	24
	W5	137.21	196.58	152.87	162.15	21	30	24	25
2012年	W0	20.39	136.30	49.08	41.13	8	55	20	22
	W1	91.13	177.03	93.75	94.20	20	39	21	21
	W2	67.92	209.07	117.41	113.54	13	41	23	22
	W3	81.93	207.91	133.52	133.53	15	37	24	24
	W4	106.57	217.01	134.74	135.30	18	37	23	23
	W5	109.45	234.88	152.98	143.33	17	37	24	22

4.1.3　春小麦全生育期耗水量与水分利用效率

春小麦全生育期总耗水量（ET）包括土面蒸发量和作物蒸腾量。具体组成包括降水量（P）、灌溉量（I）、土壤储水量（ΔW）。由表 4.2 所示的结果可知，2011年和 2012 年春小麦各处理的耗水量在 290～650mm。总体表现为春小麦全生育期的耗水量随着灌溉量的增加而增加。2012 年降水量比 2011 年多 8.5mm，土壤的储水量是 2011 年高于 2012 年，W0、W1、W2、W3、W4、W5 处理的耗水量均表现为 2011 年大于 2012 年。然而最高的耗水量和灌溉量处理下的作物水分利用效率（WUE）并不是最大。W4 处理的春小麦水分利用效率大于其他水分处理，在 2011 年和 2012 年分别为 11.28kg/（hm² · mm）和 11.81kg/（hm² · mm），灌溉水分利用效率（WUE_i）是随着灌溉量的增加而减小，其中 2011 年和 2012 年 W1 处理的灌溉水分利用效率最高，分别为 20.22kg/（hm² · mm）和 21.19kg/（hm² · mm），比 W5 处理的灌溉水分利用效率高出了近 50%。

表 4.2　2011 年和 2012 年春小麦全生育期耗水量与水分利用效率

年份	灌水处理	P /mm	I /mm	ΔW /mm	ET /mm	WUE /[kg/（hm²·mm）]	WUE$_i$ /[kg/（hm²·mm）]
2011 年	W0	51.0	0	239.64	290.64	8.68	—
	W1	51.0	240	206.86	497.86	9.75	20.22
	W2	51.0	300	190.51	541.51	9.56	17.26
	W3	51.0	360	156.37	567.37	10.94	17.24
	W4	51.0	420	138.89	609.89	11.28	16.38
	W5	51.0	480	117.81	648.81	9.92	13.41
2012 年	W0	59.5	0	187.71	246.91	9.74	—
	W1	59.5	240	156.91	456.11	11.15	21.19
	W2	59.5	300	148.73	507.93	11.76	19.91
	W3	59.5	360	137.70	556.90	11.53	17.84
	W4	59.5	420	114.42	593.86	11.81	16.70
	W5	59.5	480	101.44	640.64	10.61	14.16

4.1.4　春小麦土面蒸发特征分析

　　不同灌水处理下的棵间蒸发量随着灌水量的增加而增大。在全生育期内的土面蒸发总量分别为：W0 处理为 83.6mm，每天为 0.8mm；W1 处理为 93.1mm，每天为 0.8mm；W2 处理为 99.3mm，每天为 0.9mm；W3 处理为 104.4mm，每天为 0.9mm；W4 处理为 115.3mm，每天为 1.0mm；W5 处理为 121.4mm，每天为 1.1mm。由于高灌水处理下的土壤含水量远高于低灌水处理，每日蒸发量也明显增大。由图 4.2 可以看出，并不是高灌水处理土面蒸发量一直大于低灌水处理。在 2012 年 5 月 15 日之前，也就是拔节期之前，W5 和 W4 处理的土面蒸发量大于低灌水处理和 W0 处理下的土面蒸发量。而在拔节期之后，随着小麦地上植株的不断生长，高灌水处理下的小麦地上生物量累积量比低灌水处理增加，叶片的遮阴程度也较低灌水处理大，因此土面蒸发量小于低灌水处理。6 月 8 日左右出现 W0 处理的土面蒸发量呈最大值。主要由于在 6 月 5 日和 6 月 6 日出现了降水，且连续降水量为 16.0mm。由表 4.2 可知，春小麦整个生育期内各灌水处理下的总体蒸散量（即耗水量 ET）分别为：W0 处理为 246.91mm，W1 处理为 456.11mm，W2 处理为 507.93mm，W3 处理为 556.90mm，W4 处理为 593.86mm，W5 处理为 640.64mm。经计算获得春小麦整个生育期内作物的蒸腾耗水量（T）分别为：W0 处理为 163.4mm，占总蒸散量的 66.2%；W1 处理为 363.1mm，占总蒸散量的 79.6%；W2 处理为 408.7mm，占总蒸散量的 80.5%；W3 处理为 452.5mm，占总蒸散量的 81.3%；W4 处理为 478.5mm，占总蒸散量的 80.6%；W5 处理为 526.3mm，占总蒸散量的 81.3%。

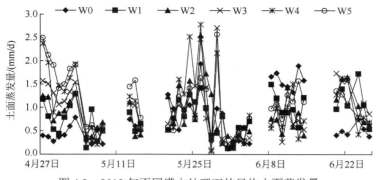

图 4.2　2012 年不同灌水处理下的日均土面蒸发量

4.1.5　春小麦耗水量、水分利用效率与产量间关系

图 4.3（a）显示了春小麦耗水量与产量关系，由图 4.3 可以看出，耗水量与产量之间呈二次曲线关系，在一定范围内，产量随着耗水量的增加先增大后减小。对各灌水处理下春小麦的总产量和耗水量平均值进行回归分析，得出产量与整个生育期耗水量之间呈二次曲线关系，具体表示为

$$Y = -0.0043ET^2 + 15.152ET - 1080.7 \qquad (4.1)$$

式中，Y 为春小麦总产量，kg/hm²；ET 为整个生育期总耗水量，mm；R^2=0.92，达显著水平。

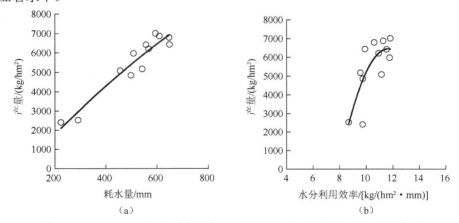

（a）　　　　　　　　　　　　　　　　（b）

图 4.3　2011、2012 年不同灌水处理下耗水量、水分利用效率与产量关系

水分利用效率与产量之间同样呈现非线性关系，在一定范围内水分利用效率随着产量的升高先增大，而后减小。对各灌水处理下春小麦的产量和水分利用效率进行回归分析，得出产量与水分利用效率之间呈二次曲线关系[图 4.3（b）]，具体表示为

$$Y = -452.8WUE^2 + 10553WUE - 55038 \qquad (4.2)$$

式中，Y 为春小麦总产量，kg/hm²；WUE 为水分利用效率，kg/（hm² · mm）；R^2=0.60。

4.2　冬小麦耗水特征与水分利用效率

冬小麦生育期总耗水量利用下式计算：

$$ET = P + I + \Delta SWS - R - D \tag{4.3}$$

式中，ET 为作物总耗水量/蒸发蒸腾量，mm；P 为小麦生长季的降水量，mm；I 为灌水量，mm；ΔSWS 为播种时土壤储水量与收获时土壤储水量之差，mm；R 为地表径流，mm；D 为耕层土壤水的渗漏量，mm。在实验区土壤及降水条件下，R 和 D 可忽略不计。因此，作物耗水量实际计算公式为

$$ET = P + I + \Delta SWS \tag{4.4}$$

作物耗水量为灌水量、降水量与生育期冬小麦消耗土壤储水量（土壤供水量）之和。土层储水量按公式 $W = h \times a \times \theta \times 10$ 计算。式中，W 为土壤储水量，mm；h 为土层深度，cm；a 为土壤容重，g/cm³；θ 为土壤含水量，重量百分比，%。土壤供水量等于播种时 3m 土层储水量减去收获时 3m 土层储水量。水分利用效率[kg/（hm²·mm）]=作物产量/生育期耗水量。

4.2.1　冬小麦收获期土壤剖面水分分布特征

利用 W0、W3 和 W5 三种灌水处理分别代表低、中、高灌水处理来说明不同处理下土壤剖面水分分布特征。研究表明，试验区土壤具有良好的持水能力，高产农田降水入渗深度一般在 0.7～1.6m[3]；冬小麦 90%以上的根系分布于 2m 以上土层[4]。因此，本书用土壤深度 0～300cm 来说明水肥处理对土壤剖面水分的影响。由图 4.4 所示的结果可以看出，冬小麦连作三年、四年后，各处理土壤水分的垂直分布大致分为两个层次，其中，0～80cm 土层为含水率逐渐增大区，80～300cm 土层含水率基本趋于稳定。随灌水量增加，各土层含水率增大。W3 和 W5 处理表层土壤含水率均接近凋萎系数（10.6%）；无论何种水分处理下，随着施氮量增大，土壤含水率基本呈现减小趋势。旱作条件下，各施氮水平下 0～100cm 土层土壤含水率较小，100～260cm 土层土壤含水率基本稳定在 12.5%～16%。N4 和 N5 水平下对下层水分消耗较大，含水率为 12%～14.8%，只略高于凋萎系数。260cm 土层以下土壤含水率有增加趋势，表明旱作条件下作物水分消耗在 300cm 左右。W3 条件下，40～200cm 土层，N0 处理土壤水分显著高于 N2 和 N5，表明施氮促进了作物对水分的吸收，250～300cm 各施氮处理土壤含水率趋于稳定。W3 条件下不施氮处理，灌水对土壤水分有明显的补充作用，土壤含水率较大。表明不施氮条件下补充灌水量不宜超过 W3 处理，但 N4 和 N5 处理土壤含水率依旧较低。也说明随着施氮量的增加，作物对土壤水分的需求随着增大。而 W5 水平下，土壤含水率显著高于 W0 和 W3 处理；N0 和 N1 处理土壤含水率接近田间持水量，影响作物生长，造成冬小麦减产。

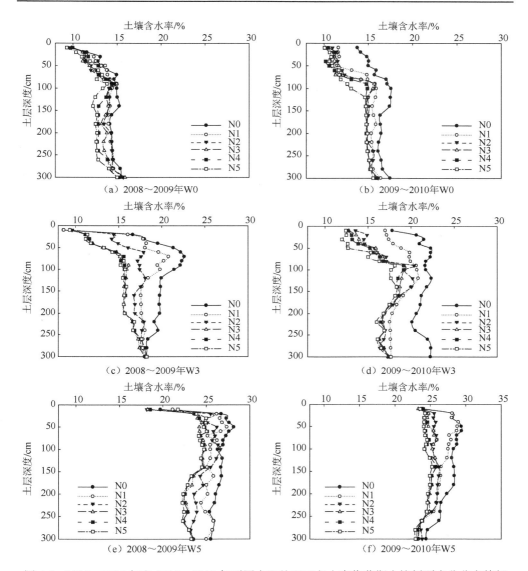

图 4.4　2008～2009 年和 2009～2010 年不同水肥处理下冬小麦收获期土壤剖面水分分布特征

　　2009 年和 2010 年收获期土壤水分分布相比，低（W0）、中（W3）、高（W5）三种水分处理下，2010 年表层土壤含水率均大于 2009 年，这主要是由于 2010 年冬小麦成熟前后降水量大于 2009 年。

4.2.2　冬小麦休闲期土壤剖面水分恢复

　　从冬小麦收获（每年 6 月底）至下一季播种（9 月底）为冬小麦休闲期，而此期间降水量基本占全年降水量的 50% 以上。该阶段由于降水多，为冬小麦土壤主要水分恢复期。

由图 4.5 显示结果可以看出，冬小麦休闲期后，不同水氮处理下土壤剖面含水率均有不同程度的恢复。灌水量和施氮量水平不同，冬小麦对土壤剖面水分的消耗也不同，因此休闲期对土壤剖面水分的补充量和入渗深度也不同。旱作处理下，N0～N5 休闲期水分补充深度分别为 200cm、180cm、160cm、160cm、160cm。W3 处理下，N1 和 N2 处理的补充深度为 220cm，N3、N4 和 N5 的补充深度分别为 180cm、160cm 和 140cm；而 N0 处理，由于生育期作物没有足够的养分，作物生长受滞，因此作物对水分的需求较少，在 W3 水分水平下，腾发相

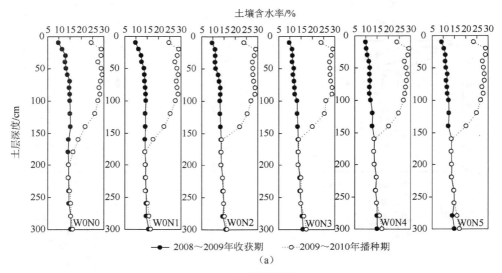

（a）

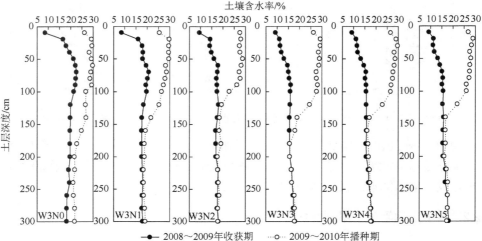

（b）

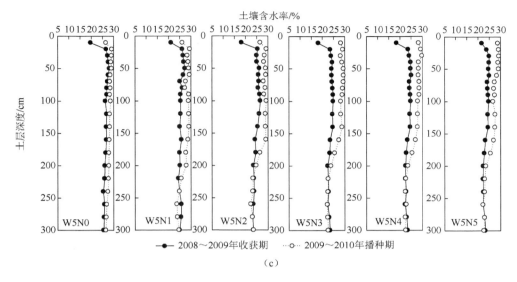

图 4.5　不同水氮处理休闲期土壤剖面水分入渗深度

对较小，土壤剖面含水率较大。因此，在休闲期降水补给土壤剖面，水分向深层入渗，水分补充深度较大，在 300cm 以下。W5 处理下，N0 处理有类似的规律，而其他氮肥处理水分补充深度也较大，N1～N5 处理的水分补充深度分别为240cm、220cm、220cm、220cm 和 200cm。

降水对土壤储水补偿与土壤水分恢复问题，是近年来水循环与转换及土壤水分生态研究中的热点问题之一。王进鑫等[5]为了便于准确分析降水对土壤储水亏缺的补偿与恢复情况，定义了土壤储水亏缺补偿度（CSW，%）为

$$CSW = \Delta W / D_h \times 100\% \qquad (4.5)$$

式中，ΔW 为收获期至下季播种期 0～300cm 土层土壤储水增量，mm；D_h 为收获期土壤储水亏缺量，为田间持水量与收获期土壤剖面实际储水量之差，mm。

由式（4.5）可以看出，若休闲期末 ΔW 小于零，则土壤储水亏缺补偿度小于0，说明休闲期土壤水分并未得到补偿，土壤剖面水分进一步减少；同时，若亏缺补偿度为 1，则说明土壤水分亏缺得到完全补偿和恢复；若土壤水分亏缺补偿度为 0～1，则说明土壤水分亏缺得到部分补偿与恢复，土壤亏缺补偿度越接近 1，说明休闲期土壤储水亏缺的恢复程度越高。

表 4.3 显示了 2009 年休闲期土壤水分恢复情况。由表 4.3 可以看出，所有水氮处理，土壤剖面水分均得到一定程度的补偿与恢复。在同一水分处理下，随施氮量的增加，土壤水分亏缺补偿增大。当施氮量一定时，旱作处理土壤剖面水分补偿量最大，其中以 N5 补偿水量最多，为 221.06mm，土壤储水亏缺补偿度达74.2%。

表 4.3　不同处理休闲期土壤水分恢复量

处理	2009 年 W_h/mm	2010 年 W_s/mm	ΔW/mm	CSW/%
W0N0	428.59	628.33	199.74	73.37
W0N1	419.08	620.62	201.54	71.99
W0N2	409.32	613.58	204.26	71.17
W0N3	402.90	609.06	206.16	70.72
W0N4	392.98	605.20	212.22	71.85
W0N5	381.63	602.69	221.06	74.21
W3N0	580.00	749.15	169.15	70.71
W3N1	535.49	678.89	143.4	64.69
W3N2	506.63	647.22	140.59	55.49
W3N3	463.61	642.88	179.27	69.57
W3N4	466.20	634.83	168.63	63.46
W3N5	463.71	628.56	164.85	60.60
W5N0	786.82	838.44	51.62	63.08
W5N1	761.54	816.78	55.24	65.92
W5N2	734.51	796.33	61.82	59.30
W5N3	703.56	782.23	78.67	66.48
W5N4	702.88	776.07	73.19	58.78
W5N5	703.59	772.86	69.27	54.24

注：W_h 为收获期储水量；W_s 为播种期储水量。

4.2.3　冬小麦生育期耗水量

冬小麦生育期消耗的水分主要来自于三部分，即降水、灌溉和土壤水分。水氮处理对冬小麦生育期总耗水量及其组成有显著影响（表 4.4 和表 4.5）。

表 4.4　2008～2009 年生育期耗水量及其组成

处理	P/mm	I/mm	ΔW/mm	ET/mm	占总耗水量比例/%		
					P	I	ΔW
W0N0	257.8	0	89.30	347.10	74.27	0.00	25.73
W0N1	257.8	0	94.39	352.19	73.20	0.00	26.80
W0N2	257.8	0	98.98	356.78	72.26	0.00	27.74
W0N3	257.8	0	100.97	358.77	71.86	0.00	28.14
W0N4	257.8	0	105.39	363.19	70.98	0.00	29.02
W0N5	257.8	0	107.43	365.23	70.59	0.00	29.41
W3N0	257.8	225	6.80	489.60	52.66	45.96	1.39
W3N1	257.8	225	26.67	509.47	50.60	44.16	5.24
W3N2	257.8	225	41.79	524.59	49.14	42.89	7.97

处理	P/mm	I/mm	ΔW/mm	ET/mm	占总耗水量比例/%		
					P	I	ΔW
W3N3	257.8	225	62.86	545.66	47.25	41.23	11.52
W3N4	257.8	225	53.55	536.35	48.07	41.95	9.98
W3N5	257.8	225	54.91	537.71	47.94	41.84	10.21
W5N0	257.8	375	−12.87	619.93	41.59	60.49	−2.08
W5N1	257.8	375	−9.17	623.63	41.34	60.13	−1.47
W5N2	257.8	375	6.33	639.13	40.34	58.67	0.99
W5N3	257.8	375	13.47	646.27	39.89	58.03	2.08
W5N4	257.8	375	9.98	642.78	40.11	58.34	1.55
W5N5	257.8	375	12.15	644.95	39.97	58.14	1.88

表 4.5　2009~2010 年生育期耗水量及其组成

处理	P/mm	I/mm	ΔW/mm	ET/mm	占总耗水量比例/%		
					P	I	ΔW
W0N0	188.8	0	173.27	362.07	52.14	0.00	47.86
W0N1	188.8	0	178.95	367.75	51.34	0.00	48.66
W0N2	188.8	0	183.81	372.61	50.67	0.00	49.33
W0N3	188.8	0	187.36	376.16	50.19	0.00	49.81
W0N4	188.8	0	188.88	377.68	49.99	0.00	50.01
W0N5	188.8	0	190.22	379.02	49.81	0.00	50.19
W3N0	188.8	225	101.88	515.68	36.61	43.63	19.76
W3N1	188.8	225	117.36	531.16	35.54	42.36	22.10
W3N2	188.8	225	127.79	541.59	34.86	41.54	23.60
W3N3	188.8	225	144.59	558.39	33.81	40.29	25.89
W3N4	188.8	225	140.13	553.93	34.08	40.62	25.30
W3N5	188.8	225	141.13	554.93	34.02	40.55	25.43
W5N0	188.8	375	53.94	617.74	30.56	60.71	8.73
W5N1	188.8	375	55.67	619.47	30.48	60.54	8.99
W5N2	188.8	375	66.74	630.54	29.94	59.47	10.58
W5N3	188.8	375	72.52	636.32	29.67	58.93	11.40
W5N4	188.8	375	69.10	632.90	29.83	59.25	10.92
W5N5	188.8	375	72.60	636.40	29.67	58.93	11.41

土壤储水消耗量为冬小麦播前土壤剖面储水量与收获后土壤储水量之差，其值的正负或大小反映了小麦生长期间水分消耗和降水、灌溉等过程对土壤剖面水分的消耗或补充，是农田水分可持续性的重要评价指标。2008~2009 年，W5N0 和 W5N1 冬小麦对土壤储水量的消耗为负值，分别为-12.87mm 和-9.17mm，说明在 W5 水分水平下，N0、N1 两处理在该灌水量和生长季降水量下除满足冬小麦

生育期生长耗水外，仍有少量水分补充到土壤剖面中。对于其他水氮处理，冬小麦对土壤储水均为正消耗，说明除高水处理（W5）低氮条件（N0、N1）下，仅靠天然降水并不能满足冬小麦全生育期对水分的需求，而需要土壤储水予以补充，研究结果也初步表明，消耗的土壤剖面水分会在冬小麦休闲期得到补充。

冬小麦生育期总耗水量随着灌水和施氮量的增加而增大。2008～2009 年，中（W3）、高水（W5）处理总耗水量相对 W0 处理增加了 142.5～172.5mm。2009～2010 年总耗水量与上一年相差不大。

不同水肥处理冬小麦对降水、灌溉和土壤储水消耗的比例不同。2008～2009 年由于降水较丰沛，低、中水处理下，降水占总耗水量的比例最高，达 47.25%～74.27%，高水处理灌溉占总耗水量的比例最高，达 60% 左右。旱作处理土壤储水消耗占总耗水的 1/4～1/3。2009～2010 年，旱作处理土壤储水消耗较大，与降水消耗大概各占总耗水量的 1/2；中水处理，灌水量所占比例最大，其次为降水量和土壤储水消耗；高水处理，土壤储水消耗较小。

4.2.4 冬小麦产量与水分利用效率关系

表 4.6 显示了不同水氮处理情况下，冬小麦产量与水分利用效率间关系。从表 4.6 可以看出，在相同水分水平下，施氮处理较不施氮处理冬小麦生育期耗水量、籽粒产量及籽粒水分利用效率均显著提高。当施氮量为 N0～N3 时，随施氮量的增加，作物耗水量增大。当施氮量大于 N3 时，除旱作处理外，耗水量基本为 N3 时最大。旱作处理下，各生育期耗水量显著低于灌水处理下耗水量；降水量和土壤供水量占总耗水量的比例高于各灌水处理。在相同氮肥水平下，随灌水量的增加，耗水量增大。灌水量占总耗水量的比例上升。2008～2009 年，W2N2 处理的水分利用效率最高，为 18.43kg/（hm^2·mm）；W5N0 最小，为 4.29kg/（hm^2·mm）；最大水分利用效率高出最低 4.3 倍。2009～2010 年，W2N5 处理的水分利用效率最高，为 16.71kg/（hm^2·mm）。

表 4.6 不同水氮耦合产量、耗水量及水分利用效率

处理	2008～2009 年			2009～2010 年		
	产量/（t/hm^2）	耗水量/mm	水分利用效率/[kg/（hm^2·mm）]	产量/（t/hm^2）	耗水量/mm	水分利用效率/[kg/（hm^2·mm）]
W0N0	2.08	347.10	6.00	2.07	362.07	5.70
W0N1	3.76	352.19	10.67	3.68	367.75	10.00
W0N2	5.72	356.78	16.03	5.30	372.61	14.22
W0N3	5.88	358.77	16.38	5.64	376.16	14.99
W0N4	5.88	363.19	16.19	5.66	377.68	14.99
W0N5	5.85	365.23	16.02	5.49	379.02	14.48
W1N0	2.22	373.71	5.95	2.14	411.72	5.21

续表

处理	2008～2009 年			2009～2010 年		
	产量/ (t/hm²)	耗水量/mm	水分利用效率/[kg/ (hm²·mm)]	产量/ (t/hm²)	耗水量/mm	水分利用效率/[kg/ (hm²·mm)]
W1N2	7.00	396.10	17.68	6.60	430.99	15.32
W1N5	7.37	418.56	17.61	7.04	445.33	15.80
W2N0	2.36	428.33	5.52	2.27	445.63	5.09
W2N2	8.34	452.42	18.43	7.54	467.10	16.15
W2N5	8.50	470.29	18.06	7.96	475.98	16.71
W3N0	2.47	489.60	5.05	2.33	515.68	4.53
W3N1	6.07	509.47	11.90	6.02	531.16	11.33
W3N2	8.79	524.59	16.75	7.96	541.59	14.70
W3N3	9.93	545.66	18.20	8.59	558.39	15.38
W3N4	9.35	536.35	17.44	8.62	553.93	15.57
W3N5	9.68	537.71	17.99	8.56	554.93	15.43
W4N0	2.58	552.03	4.68	2.48	552.50	4.49
W4N2	9.10	574.71	15.83	8.04	582.46	13.81
W4N5	9.47	601.63	15.74	8.36	598.06	13.98
W5N0	2.66	619.93	4.29	2.59	617.74	4.20
W5N1	6.04	623.63	9.69	6.01	619.47	9.70
W5N2	9.31	639.13	14.57	8.24	630.54	13.07
W5N3	9.97	646.27	15.43	8.59	636.32	13.50
W5N4	9.59	642.78	14.92	8.50	632.90	13.43
W5N5	9.25	644.95	14.33	8.15	636.40	12.81

参 考 文 献

[1] PHILIP J R. Plant water relations: Some physical aspects[J]. Annual Review of Plant Physiology, 1966, (17): 215-268.

[2] 刘昌明, 于沪宁. 土壤-作物-大气系统水分运动实验研究[M]. 北京: 气象出版社, 1997: 59-69.

[3] 李玉山. 旱作高产田产量波动性和土壤干燥化[J]. 土壤学报, 2001, 38(3): 353-356.

[4] 任三学, 赵花荣, 郭安红, 等. 底墒对冬小麦植株生长及产量的影响[J]. 麦类作物学报, 2005, 25(4): 79-85.

[5] 王进鑫, 黄宝龙, 罗伟祥. 黄土高原人工林地水分亏缺的补偿与恢复特征[J]. 生态学报, 2004, 24(11): 2395-2401.

第5章　冬小麦水肥耦合效应和土壤氮素分布

水肥是冬小麦生长主要营养元素，也是人类可以直接调控的因子。不合理的水肥管理一方面浪费有限资源，另一方面也会导致土壤和地下水污染。因此，合理调控农田水肥状况，既有利于实现水肥高效利用，又可减少对环境污染的威胁。通过对多年试验资料分析，探讨水肥耦合对冬小麦生长的影响，并分析水肥耦合作用下土壤氮累积特征。依据土壤水肥耦合效应，确定合理水肥管理模式。

5.1　水肥耦合对冬小麦生长的影响

5.1.1　水肥耦合对株高的影响

选取 W0、W3 和 W5 三种水分处理分别代表低、中、高水分水平进行分析。从图 5.1 可以看出，随着冬小麦生长发育，株高逐渐增大。拔节—开花期前，株高增长较快，而开花—成熟期，株高缓慢增长或略有降低，灌水和施氮均能提高植株高度。不同水分处理下，施氮处理较不施氮处理（N0）株高明显提高。相同氮肥处理下，W3 和 W5 株高均较旱作处理 W0 明显提高。2009～2010 年旱作处理株高略高于 2008～2009 年，主要由于 2009～2010 年作物株高增长最快时期（4月），降水量多于 2008～2009 年。两年的试验中，在同一水分处理下，株高均为 N5>N4>N3>N2>N1>N0。

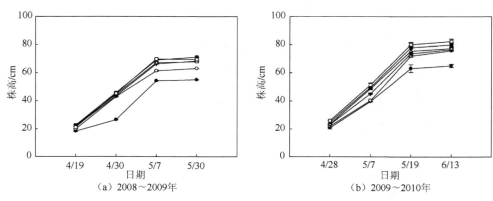

（a）2008～2009年　　　　　（b）2009～2010年

→ W0N0　→ W0N1　→ W0N2　→ W0N3　→ W0N4　→ W0N5

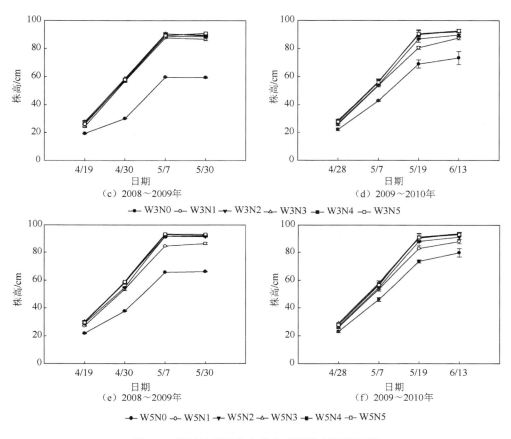

图 5.1　不同处理下冬小麦生育期株高增长过程

5.1.2　水肥耦合对叶面积指数的影响

　　叶片是植物合成有机物的主要器官，不同生育时期叶面积增长状况对作物生长发育和生物量积累有明显影响。因此，叶面积指数（LAI）可有效反映作物群体光合作用及物质生产能力[1]。两年研究结果表明，LAI 在返青—成熟期呈抛物线变化过程（图 5.2）。返青期冬小麦 LAI 较低，返青期后快速增大，基本至孕穗期 LAI 达到最高值，此时冬小麦所有叶片都已形成，并且株高也已达最大值。随着时间的推移，冬小麦植株底部的叶片开始枯萎，绿色叶面积减少，LAI 缓慢降低。灌水和施肥均显著提高冬小麦叶面积指数。但当施氮超过 N3 处理时，LAI 有不同程度的降低。当灌水超过 W3 时，对于中低肥处理时 LAI 也有不同程度的降低。在同一水分水平下，不同时期各处理 LAI 大小基本表现为 N5>N4>N3>N2>N1>N0。在同一氮肥水平下也有类似的变化特征。

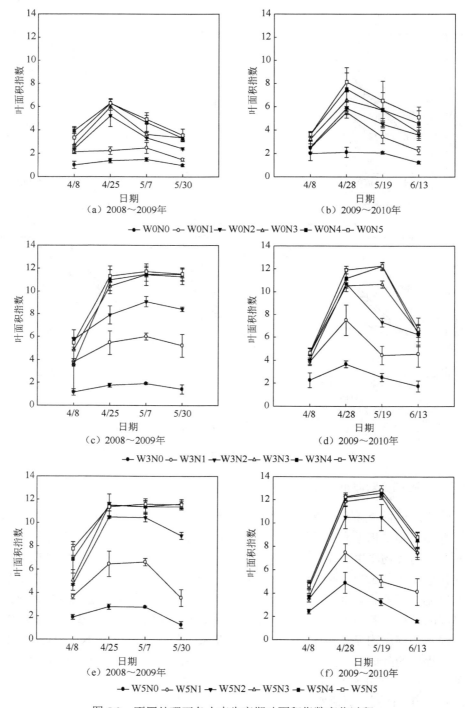

图 5.2　不同处理下冬小麦生育期叶面积指数变化过程

5.1.3　水肥耦合对地上生物量的影响

　　土壤水分和氮素状况直接影响冬小麦的生理状况和光合性能，从而影响生物量的累积。两年冬小麦地上生物量动态变化如图 5.3 所示。冬小麦在整个生育期，

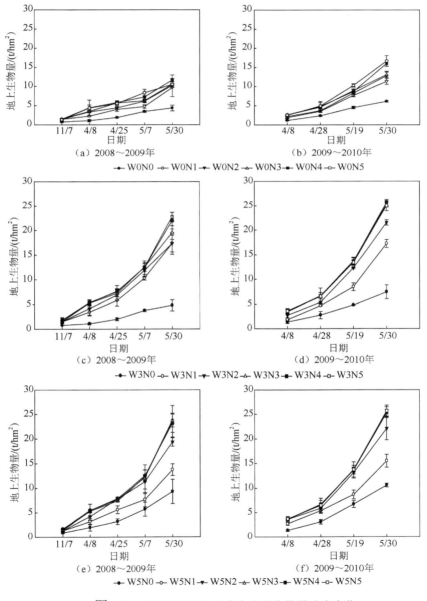

图 5.3　不同处理下冬小麦生育期生物量动态变化

地上生物量随着时间延续逐渐增加，至成熟期达到最大。在同一水分水平下，不施氮冬小麦地上生物量明显低于施氮处理；当施氮量为 N0～N3 时，随着施氮量的增加，冬小麦地上生物量增大；当施氮量大于 N3（N4）时，冬小麦地上生物量开始降低。

5.2　水肥耦合对冬小麦产量及产量构成的影响

冬小麦籽粒产量是在产量构成三要素的共同作用下形成的，不同水氮处理条件下，冬小麦籽粒产量会产生较大差异，产量构成三要素也必然有所不同。不同水氮处理对冬小麦产量及其构成因素的影响如图 5.4～图 5.7 所示。

5.2.1　水肥耦合对穗数的影响

施肥与越冬—抽穗期的灌水量都对穗数产生较大影响。由图 5.4 可以看出，随施氮量的增加，冬小麦穗数除 W5 水平下略有下降外，其他水分处理均呈增加的趋势。2008～2009 年与 2009～2010 年均为 W3N5 处理下穗数最多，分别为每公顷 691.563 万穗和 613.833 万穗。

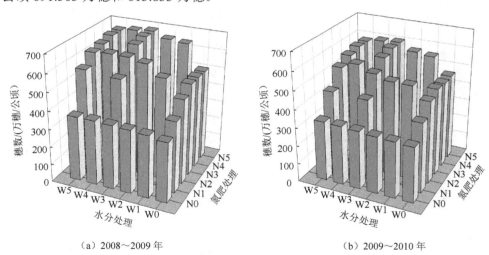

（a）2008～2009 年　　　　　　　　　（b）2009～2010 年

图 5.4　不同水肥耦合的穗数效应

5.2.2　水肥耦合对穗粒数的影响

穗粒数多少受幼穗分化至形成期间的生态环境及水肥营养的影响，同时也受穗数多少的制约。由图 5.5 可以看出，各处理下穗粒数变化特征与穗数基本相同，变幅相对较小。2008～2009 年 W3N5 处理穗粒数最高，为 40.7 粒；2009～2010

年 W3N5 处理穗粒数也最高,为 39 粒。

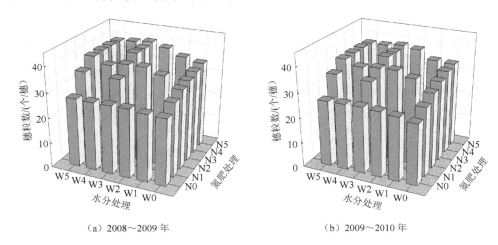

（a）2008～2009 年　　　　　　　　　　（b）2009～2010 年

图 5.5　不同水肥耦合的穗粒数效应

5.2.3　水肥耦合对千粒重的影响

千粒重的高低,既制约于穗数和穗粒数,又受灌浆期的水肥供应等各种因素的影响,由图 5.6 可以看出,随施氮量的增加,千粒重随灌水量增加均逐渐降低,呈明显的负相关关系。随灌水量的增加,千粒重略有增大。2008～2009 年 W5N0 处理千粒重最大,为 48.32g;2009～2010 年 W3N0 处理千粒重最大,为 44.79g。

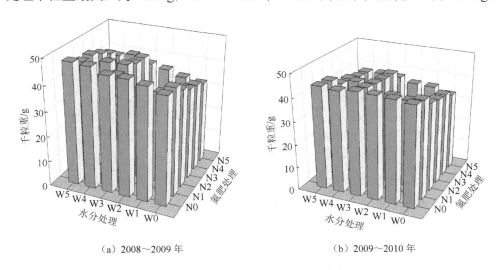

（a）2008～2009 年　　　　　　　　　　（b）2009～2010 年

图 5.6　不同水肥耦合的千粒重效应

5.2.4　水肥耦合对产量的影响

由图 5.7 可以看出，灌水和施氮之间存在着显著的正交互效应，适当增加灌水量和施氮量有助于提高冬小麦产量。在 2008～2009 年，施氮量为 N0～N3 时，随灌水量的增加冬小麦籽粒产量显著增加。当施氮量为 N4 和 N5 水平时，随灌水量增加籽粒产量先增加而后略有降低。在所有处理中，W5N3 产量最高，为 9.97t/hm²。2009～2010 年各处理变化特征与上一年相似，该年最高产量为处理 W3N4，产量为 8.62t/hm²。

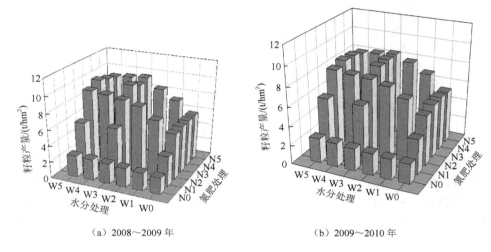

（a）2008～2009 年　　　　　　　（b）2009～2010 年

图 5.7　不同水肥耦合的产量效应

5.3　水肥耦合麦田土壤硝态氮变化特征

近几十年来，为追求高产，施氮量水平不断提高。氮是作物所必需的首要元素，也是旱地土壤最为缺乏的营养元素，据调查，我国几乎所有土壤都缺氮。在小麦高产再高产的生产过程中，投入氮肥成为增产的必要途径。尤其是近几年，为了提高产量，氮肥施用量迅速增加。然而作物产量并未随着施氮量的增加而直线增加，当施氮量达到一定程度反而造成产量下降，并使氮肥利用率明显下降。同时，在农业生产中氮肥的不合理利用，还会造成资源浪费和环境污染。因此，研究小麦适宜的氮肥用量，对实现高产、优质、高效、生态、安全的小麦生产有重要意义。朱兆良等曾总结国内 728 个田间试验，结果表明，我国主要农作物中水稻及麦类作物对氮肥的利用率只有 28%～41%[2]。氮肥的大量使用及其利用率的下降，不仅难以达到作物高产高效的目的，而且对水土环境也产生不良影响。因此，合理地使用氮肥，提高氮肥利用率，是今后作物生产中必须解决的一个关键问题。氮肥施入土壤，并不能完全被当季作物利用[2-4]，部分氮素易淋溶至地下水[5,6]，威胁环境质量，或在土壤深层累积[7-11]，造成肥料浪费。保持土壤生态系统养分平衡，是农田土壤资源持续利用的前提。而土壤养分平衡的决定因素为肥料的投入水平[12]。如何在保证作物产量的同时，使土壤硝态氮残留量控制在一定范围内，不造成环境污染，保证农田系统持续发展，是亟待解决的问题。

5.3.1　土壤剖面硝态氮含量分布特征

施用氮肥可以显著提高土壤中硝态氮含量，且随着施氮量的增加，土层中硝态氮含量有增加趋势。增加灌水量可以提高作物对硝态氮的吸收利用，随着灌水量的增加，土层中硝态氮含量有减少趋势。但不同水氮条件下，不同时期土层间硝态氮的含量变化存在较大差异。

图 5.8～图 5.11 显示了不同生育期土壤硝态氮含量分布。由图可以看出，在返青期，土壤中硝态氮主要集中在土壤表层。不同处理土壤硝态氮含量依次为 N5>N4>N3>N2>N1>N0，说明施氮提高了表层土壤中的硝态氮含量。随土层深度的增加，土壤硝态氮含量受施氮量的影响逐步减弱。W0 处理下，施氮量大于 N2 处理时，硝态氮在土层中产生累积，在 140cm 处出现累积峰。施氮量为 N5 时出现两个累积峰，分别位于 140cm 处和 220cm 处，并且硝态氮被淋溶至 300cm 以下。W3 和 W5 处理下，施氮处理为 N4 和 N5 时，硝态氮在 140cm 处出现一个累积峰。

在抽穗期和灌浆期，土壤剖面硝态氮含量分布趋势与返青期类似，但硝态氮含量均明显低于返青期。0～60cm 土层硝态氮含量变化大于 60cm 以下土层变化，说明土壤中硝态氮的消耗主要发生在 0～60cm 土层，对深层土壤硝态氮影响较小。

在冬小麦成熟期，0～60cm 土层土壤硝态氮含量较灌浆期有所减少，但在深层土壤中变化与浅层不一致，特别是 N4 和 N5 处理，较灌浆期略有增加。变化趋势与前几个时期相一致。

在返青—抽穗期，上部土层硝态氮含量迅速降低。这可能由以下两种原因造成：一是此期间为冬小麦生长旺盛期，小麦根系又主要分布于 0～60cm 土层中，植株从中吸收氮素量增多；二是降水使得上层土壤中硝态氮随水向下淋溶。

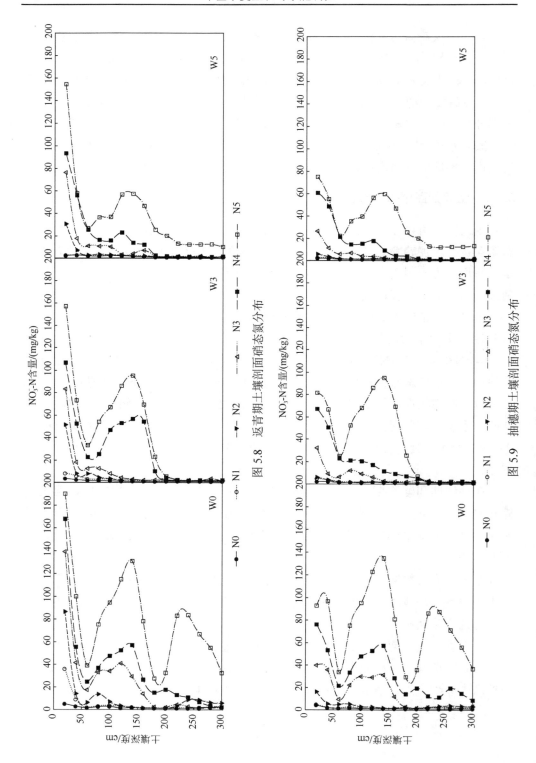

图 5.8 返青期土壤剖面硝态氮分布

图 5.9 抽穗期土壤剖面硝态氮分布

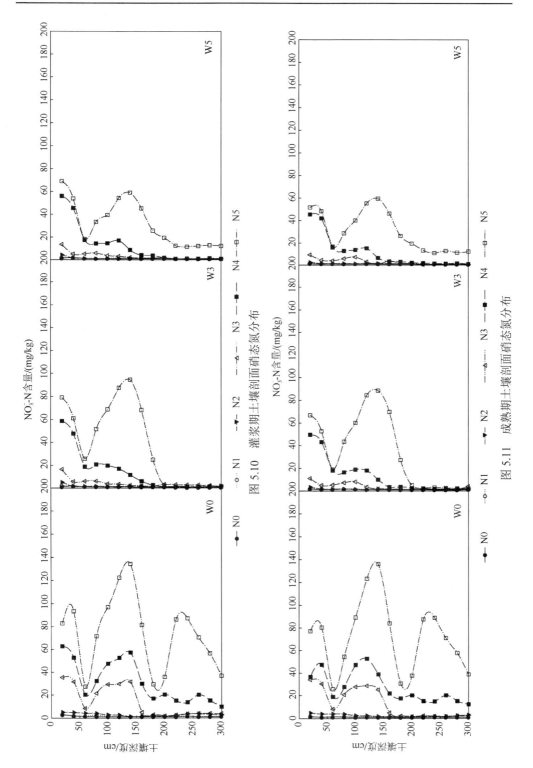

图 5.10　灌浆期土壤剖面硝态氮分布

图 5.11　成熟期土壤剖面硝态氮分布

5.3.2　生育期土壤剖面硝态氮累积量

由图 5.12～图 5.14 所示的结果可以看出，在同一水分处理下，随着施氮量的增加，土壤剖面中硝态氮含量的变幅增大。同一生育期内，土壤硝态氮累积量随着施氮量的增加而增大。在同一氮肥处理下，随灌水量的增加，土壤中硝态氮含量减小。同一生育期内土壤硝态氮累积量随着灌水量的增加而减小。在 W0 处理下，施氮量大于 N3 处理时土壤硝态氮累积量较大，已然造成了硝态氮累积。W3 与 W5 处理下土壤硝态氮累积量较 W0 小，尤其是 N3、N4 和 N5 处理，但施氮量大于 N3 时土壤硝态氮含量依然较大。

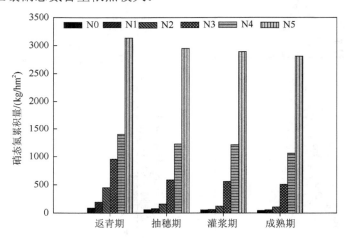

图 5.12　W0 处理下冬小麦不同生育期 0～300cm 土层硝态氮累积量

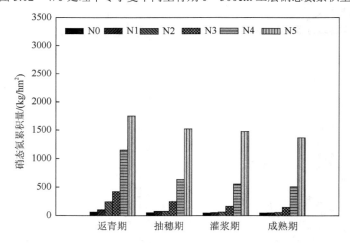

图 5.13　W3 处理下冬小麦不同生育期 0～300cm 土层硝态氮累积量

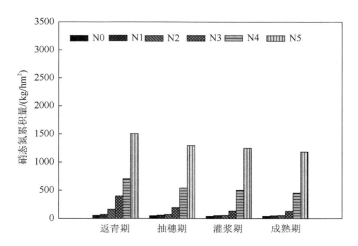

图 5.14　W5 处理下冬小麦不同生育期 0～300cm 土层硝态氮累积量

5.3.3　硝态氮累积量变化趋势

　　不同水分处理下施氮量与 0～300cm 土层硝态氮累积量的关系如图 5.15 所示。分别以线性、指数和二次多项式进行回归，结果表明，多项式回归方程的相关系数均大于指数回归和线性回归，且二次多项式回归系数均在 0.96 以上，表明二次多项式回归能够很好地反映不同水肥耦合下硝态氮的累积过程。

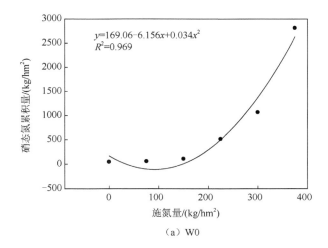

$$y=169.06-6.156x+0.034x^2$$
$$R^2=0.969$$

（a）W0

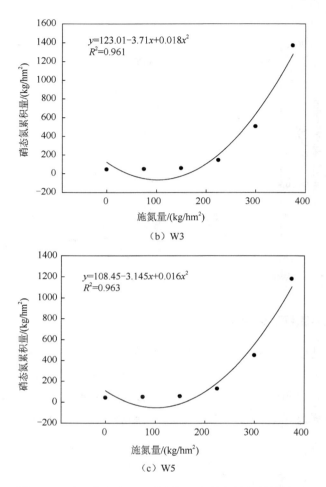

图 5.15　不同灌水处理下硝态氮累积量与施氮量的关系

5.3.4　最大产量下土壤硝态氮累积

为了获得不同水分处理冬小麦最大产量下硝态氮累积情况，分别绘制了不同水分处理下施氮量与冬小麦产量关系，如图 5.16 所示。

由图 5.16 可以看出，不同水分处理下，冬小麦产量与施氮量呈很好的二次多项式关系。由不同水分处理下冬小麦产量与施氮量的关系式可以得到最大产量下的施氮量，分别代入硝态氮累积量与施氮量的关系式，就可获得最大产量下的硝态氮累积量，具体结果如表 5.1 所示。

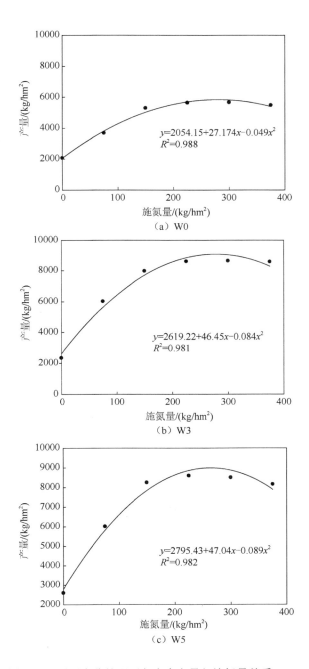

图 5.16　不同水分处理下冬小麦产量与施氮量关系

表 5.1　不同水分处理冬小麦最大产量下施氮量和硝态氮累积量

处理	施氮量/（kg/hm²）	硝态氮累积量/（kg/hm²）
W0	277.286	1076.26
W3	276.488	473.26
W5	246.270	394.74

　　由土壤硝态氮含量分布可以看出，对于接近最高产量的施氮量处理 N3 和 N4 而言，土壤剖面已发生硝态氮的淋溶与累积，因此长期按照最高产量施肥指导实践生产，可能导致硝态氮大量的残留与淋溶。

5.4　冬小麦水肥利用率及水肥耦合优化区域

　　干旱和贫瘠是我国西北黄土高原地区土壤的主要特点，冬小麦是该地区最主要的粮食作物之一。土壤水分、养分条件与作物需求之间协调与否是决定水肥利用效率和作物高产稳产的关键。因此，研究水肥耦合互馈作用，明确水肥相互作用机理是旱地小麦高产稳产的前提。根据水肥耦合田间试验资料，分析黄土高原冬小麦水肥耦合及其与产量的关系，探讨水氮相互作用机理，进一步明确冬小麦水肥耦合规律，确定兼顾作物产量和水分利用效率的水肥投入量，为合理优化该地区农业生产的水肥投入提供依据。

5.4.1　计算方法

　　在二维坐标下，为了分析水或肥单因素变动，或水与肥按一定线性关系单方向变动时的产量（Y）与耗水量（ET）关系，引入作物水分生产弹性系数（EWP），阐明作物产量、耗水量和水分利用效率间的内在联系[13]。但作物水肥产量效应关系为三维坐标，即水、肥双因素同时发生变化。在此条件下产量和耗水量可以表示为水、肥的函数，用 x_1、x_2 分别表示水分水平和氮肥水平，有

$$Y = Y(x_1, x_2) \tag{5.1}$$
$$ET = ET(x_1, x_2) \tag{5.2}$$

按照 Liu 等[13]的方法分析弹性系数 EWP，即

$$EWP = \frac{\dfrac{\partial Y}{\partial x_2}\dfrac{dx_2}{dx_1} + \dfrac{\partial Y}{\partial x_1}}{\dfrac{\partial ET}{\partial N}\dfrac{dx_2}{dx_1} + \dfrac{\partial ET}{\partial x_1}} \times \frac{ET}{Y} \tag{5.3}$$

　　在限定水氮投入变动方向，即给定 dx_2/dx_1 后，可求得该方向下的 EWP，从而分析相应的 Y-ET-WUE 关系与特征。根据实测产量等相关数据，式（5.3）可以

用来描述水肥耦合优化区域。考虑物理意义，本章选取 dx_2/dx_1 的方向与 Liu 等的一致。

（1）所在点与使 Y 达到最大值的点（x_{1m}、x_{2m}）的连线方向，有

$$\frac{dx_2}{dx_1} = \frac{x_2 - x_{2m}}{x_1 - x_{1m}} \tag{5.4}$$

其意义为以产量为追求，按最短距离变动 x_1、x_2 的投入水平。

（2）选择 Y 曲面所在点的梯度方向，有

$$\frac{dx_2}{dx_1} = \frac{\partial Y/\partial x_2}{\partial Y/\partial x_1} \tag{5.5}$$

其意义为所在点单位水肥投入下产量增加最大方向。把 dx_2/dx_1 的表达式代入 EWP 计算公式即可求得该方向下的 EWP。

5.4.2　水肥耦合条件下冬小麦产量效应

1. 产量效应综合分析

根据不同水氮处理及产量实测结果，进行回归分析，得到两年冬小麦灌水和氮肥的产量效应方程如下。

2008～2009 年：

$$Y = 1062.532 + 16.708W + 44.837N + 0.02WN - 0.034W^2 - 0.089N^2 \tag{5.6}$$

2009～2010 年：

$$Y = 1165.059 + 14.943W + 40.16N + 0.012WN - 0.03W^2 - 0.078N^2 \tag{5.7}$$

式中，W 为灌水量，mm；N 为施氮量，kg/hm^2。

经检验，2008～2009 年，$F=141.686$，$R^2=0.971$；2009～2010 年，$F=138.983$，$R^2=0.971$。上述两个回归模型均达到极显著水平（$P=0.001$），能反映产量与氮肥施用量及灌水量的关系。从图 5.17 也可以看出，模型模拟产量与实际产量线性相关达极显著水平。

从两年产量回归分析可以看出，产量回归方程中的一次项均为正值，表明水氮处理具有明显的增产效果。水氮处理的交互项系数为正值，说明水氮处理间存在互相促进作用。两年产量回归模型中水氮处理二次项系数均为负值，可知在设计范围内产量随着灌水量和施氮量的增加呈开口向下的抛物线变化。说明过多灌水和施氮，不仅增加生产成本，而且会降低增产效果。

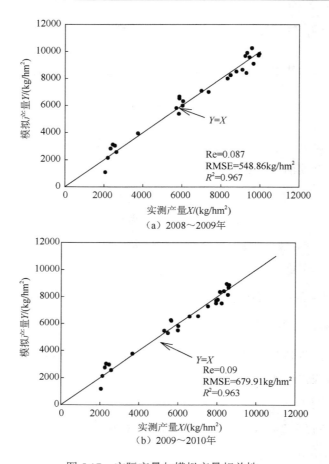

图 5.17　实际产量与模拟产量相关性

2. 因素边际效应分析

多元回归模型中边际产量是指在其他因子不变的条件下，增加某一因素单位量时总产量的增加量。边际产量可以反映水肥各因素的最适投入量和单位水平投入量变化对小麦产量增减速率的影响。

根据边际产量定义，对产量回归方程进行降维处理，在固定一个因素不变的条件下，得到另一因素对产量的一元二次方程。对于水分处理，选旱作进行分析。氮肥处理选择当地施氮水平（150kg N/hm²）。分别得三年水氮两因素的一元二次模型。

2008～2009 年：

$$Y_W = 5785.582 + 19.708W - 0.034W^2 \tag{5.8}$$

$$Y_N = 1062.532 + 44.837N - 0.089N^2 \tag{5.9}$$

2009～2010 年：

$$Y_W = 5434.059 + 16.743W - 0.03W^2 \qquad (5.10)$$

$$Y_N = 1165.059 + 40.16N - 0.078N^2 \qquad (5.11)$$

从式（5.8）～式（5.11）可以看出，水氮处理对小麦产量的主效应曲线为开口向下抛物线，水氮投入符合报酬递减率。

由于试验中水氮对小麦产量效应符合报酬递减率，当水氮边际产量（$\partial Y/\partial I$）为零时，小麦产量最高，此时灌水量和施氮量即小麦最高产量需用量。作出两年边际产量图（图 5.18），从图中可以看出，水氮边际效应随着使用量的增加，边际产量呈现递减的趋势，表明总产量按一定的渐减率增加，当其边际产量为零时，冬小麦产量达到最高点。但当水肥使用量较大时，其增产报酬率降低，投入成本增大。

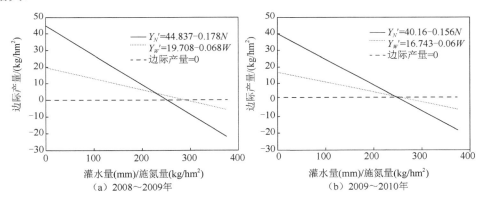

图 5.18　水氮水平与边际产量关系

3. 产量最大时水肥投入量

最高产量方案是指在不考虑水肥资源投入经济效益的前提下，作物产量达到最大值时的水肥投入水平。对两年产量回归方程分别对灌水量和施氮量求偏导。

2008～2009 年：

$$\frac{\partial Y}{\partial W} = 16.708 + 0.02N - 0.068W \qquad (5.12)$$

$$\frac{\partial Y}{\partial N} = 44.837 + 0.02W - 0.178N \qquad (5.13)$$

2009～2010 年：

$$\frac{\partial Y}{\partial W} = 14.943 + 0.012N - 0.06W \qquad (5.14)$$

$$\frac{\partial Y}{\partial N} = 40.16 + 0.012W - 0.156N \qquad (5.15)$$

联合式（5.12）～式（5.15），令各式为 0，可得 2009～2010 年水氮投入量及最高产量。计算结果列于表 5.2。

表 5.2　冬小麦最高产量及取得最高产量时水、氮投入量

年份	灌水量/mm	施氮量/（kg/hm²）	最大产量/（kg/hm²）
2008～2009 年	330.722	289.053	10309.65
2009～2010 年	305.233	280.915	9086.388

5.4.3　水肥耦合区域

前面计算确定了最高值产量相应的施氮量和灌水量，但在农业生产中，人们往往希望有一个合理的水肥投入区间，即水肥优化耦合区域，在这区域内能够兼顾作物水分利用效率和产量这两大目标确定水肥投入水平，为生产实践提供指导。

试验设计中施氮量与灌水量均成等差数列，为计算方便，采取施氮水平与灌水水平代替实际施氮量与灌水量。水分水平和氮肥水平最高用 6 代替，渐次降低为 5、4、3、2、1（1 代表不灌水或不施肥）。具体见表 5.3。

表 5.3　不同水氮处理及其处理水平

施氮量/（kg/hm²）	氮肥水平	灌水量/mm	灌水水平
0	1	0,75,75,75,75,75	1,2,3,4,5,6
75	2	0,0,0,75,0,75	1,4,6
150	3	0,75,75,75,75,75	1,2,3,4,5,6
225	4	0,0,0,75,0,75	1,4,6
300	5	0,0,0,75,0,75	1,4,6
375	6	0,75,75,75,75,75	1,2,3,4,5,6

1. 产量、耗水量对水肥供应水平的响应函数

水、氮分别用 x_1、x_2 表示，根据简化的水分、氮肥水平和实测产量、耗水量资料，分别求得 2008～2010 年两年产量、耗水量与氮肥水平和水分水平回归方程。

2008～2009 年：

$$Y = -4.132 + 4.25x_2 + 1.524x_1 + 0.11x_1x_2 - 0.498x_2^2 - 0.19x_1^2 \tag{5.16}$$

$$ET = 267.015 + 17.456x_2 + 48.106x_1 \tag{5.17}$$

式（5.17）中，F=811.267，R^2=0.995，P<0.0001。

2009～2010 年：

$$Y = -3.503 + 3.817x_2 + 1.387x_1 + 0.068x_1x_2 - 0.436x_2^2 - 0.167x_1^2 \tag{5.18}$$

$$ET = 279.097 + 16.744x_2 + 59.796x_1 \tag{5.19}$$

式（5.18）中，F=556.866，R^2=0.993，P<0.0001。

上述两年水肥产量、耗水量效应方程表明，在三维坐标下，产量为二次抛物面，而耗水量为一平面。对 2008～2009 年，联合方程进行分析求解知，当 x_2=4.866，x_1=5.419 时，有产量最大值为 10.337t/hm²；当 x_2=4.248，x_1=2.84 时，有 WUE 最大值为 18.96kg/（hm²·mm）。同理求得 2009～2010 年：当 x_2=4.777，x_1=5.125 时，有产量最大值为 9.168t/hm²；当 x_2=4.237，x_1=2.145 时，有 WUE 最大值为 16.73kg/（hm²·mm）。

2. 水肥优化耦合区域

首先取 $\mathrm{d}x_2/\mathrm{d}x_1$ 与 $Y_{\max}$ 的连线方向，考虑兼顾水分利用效率，令 EWP=1[14]，根据水氮在该方向上的选择，对 2008～2009 年，将式（5.16）、式（5.17）及其分别对 x_1、x_2 的偏导和 x_{1m}、x_{2m} 代入式（5.3），求得在该条件下的水、氮水平，其分布如图 5.19 所示。由图可知，当取 $\mathrm{d}x_2/\mathrm{d}x_1$ 与 $Y_{\max}$ 的连线方向，令 EWP=1 的点呈椭圆形，椭圆上的各点表示该水、氮水平条件下的最大水分利用效率。由于 $\mathrm{d}x_2/\mathrm{d}x_1$ 在 $Y_{\max}$ 点不存在，因此由式（5.3）不能得到 EWP 在 $Y_{\max}$ 点的值，当产量最大时，EWP=0。把 $Y_{\max}$ 对应的水、氮水平点绘于图 5.19。由图可以看出，使产量达到最大的点虽与 EWP=1 不连续，但仍在其趋势线上。因此，以 $Y_{\max}$ 对应的水氮水平坐标点（EWP=1）和最大水分利用效率（EWP=1）围成的椭圆区域，即以所在点与 $Y_{\max}$ 点的连线为方向，使 WUE 达到最大的点为下限，Y 达到最大点为上限的水肥合理投入区域。从图形上看，$Y_{\max}$ 和 $\mathrm{WUE}_{\max}$ 分别处于椭圆长轴的两个端点上，为椭圆的两个特征点，称此条件下的椭圆为第一类椭圆，椭圆方程为

$$2.435x_2^2 + 0.676x_1^2 - 0.894x_1x_2 - 18.498x_2 - 1.507x_1 + 44.259 = 0 \qquad (5.20)$$

同理得 2009～2010 年的椭圆区域如图 5.19 所示，其椭圆方程为

$$2.244x_2^2 + 0.798x_1^2 - 0.542x_1x_2 - 18.254x_2 - 3.3638x_1 + 45.53 = 0 \qquad (5.21)$$

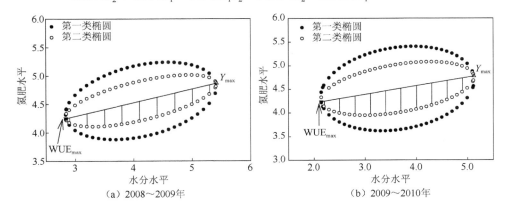

（a）2008～2009年　　　　　　　　（b）2009～2010年

图 5.19　2008～2009 年与 2009～2010 年两类水氮优化耦合区域

从图 5.19 中可以看出，两年椭圆区域具有相似的特点，均以 WUE_{max} 和 Y_{max} 点为椭圆长轴的特征点，并且具有相似的倾斜度。对于两年分别得到具有共同特点的水氮耦合合理区域，说明该方法是可信的，可以用来描述以追求最大产量和水分利用效率为目标的水肥投入水平范围。

当以 $\dfrac{dx_2}{dx_1} = \dfrac{\partial Y/\partial x_2}{\partial Y/\partial x_1}$ 为方向，令 EWP=1 时，得到另一个椭圆区域，如图 5.19 所示。

两年椭圆方程如下。

2008～2009 年：
$$1.669x_2^2 + 0.206x_1^2 - 0.743x_1x_2 - 12.144x_2 + 1.686x_1 + 23.982 = 0 \qquad （5.22）$$

2009～2010 年：
$$2.228x_2^2 + 0.32x_1^2 - 0.715x_1x_2 - 17.483x_2 + 0.895x_1 + 37.183 = 0 \qquad （5.23）$$

式（5.22）和式（5.23）为第二类椭圆方程。由图 5.19 可以看出，第二类椭圆与第一类椭圆相比，Y_{max} 与 WUE_{max} 依然为椭圆长轴上两个端点，只是短轴长度明显缩短。

前已述及，水氮的产量效应方程为一光滑的抛物曲面。在该曲面上存在一个产量极大值，以及各个水、氮水平下的产量最大值。产量极大值及各个水氮水平下产量最大值所在的曲线投影到水氮水平投入范围内即该椭圆区域的长轴。也就是说，椭圆长轴上的点（水氮水平）即该水氮水平下的产量最大值。而椭圆边沿上的点为水分利用效率最大时的水氮投入量。在农业生产中，人们往往希望随着水肥投入量的增加产量增加最大，而第二类椭圆正是在此条件下假设的。因此，水氮耦合优化区域应为椭圆长轴与第二类椭圆下半区围成的区域（图 5.19 中标识的范围）。

在实际生产中，应根据不同水分和肥料水平条件进行水肥优化投入。在水资源有限条件下，施肥量应从水分利用效率考虑；当灌溉水充足时，应从产量角度建议施肥量。在雨养农业中，可以根据气象预测降水量，通过水肥优化区域确定合理的施肥量；在灌溉农业中，也可以根据提前设定的灌水方案及降水量来确定与之对应的施肥量。施肥量应介于最高水分利用效率和最高产量之间。

参 考 文 献

[1] 朱自玺, 赵国强, 邓天宏, 等. 秸秆覆盖麦田水分动态及水分利用效率研究[J]. 生态农业研究, 2000, 8(1): 34-37.

[2] 朱兆良. 农田中氮肥的损失与对策[J]. 土壤与环境, 2000, 9(1): 1-6.

[3] 党廷辉, 蔡贵信, 郭胜利, 等. 用 ^{15}N 标记肥料研究旱地冬小麦氮肥利用率与去向[J]. 核农学报, 2003, 17(4):

280-285.

[4] 薛晓辉, 郝明德. 小麦氮磷肥长期配施对土壤硝态氮淋溶的影响[J]. 中国农业科学, 2009, 42(3): 918-925.

[5] JAYNES D B, DINNES D L, MEEK D W, et al. Using the late spring nitrate test to reduce nitrate loss within a watershed[J]. Journal of Environmental Quality, 2004, 33(2): 669-677.

[6] SPALDING R F, EXNER M E. Occurrence of nitrate in groundwater-A review[J]. Journal of Environmental Quality，1993, 22(2): 392-402.

[7] JOLLEY V D, PIERRE W H. Profile accumulation of fertilizer-derived nitrate and total nitrogen recovery in two long-term nitrogen-rate experiments with corn[J]. Soil Science Society of America Journal, 1977, 41(2):373-378.

[8] HOOKER M L, GWIN R E, HERRON G M, et al. Effects of long-term, annual applications of N and P on corn grain yields and soil chemical properties[J]. Agronomy Journal, 1983, 75(1): 94-99.

[9] BENBI D K, BISWAS C R, KALKAT J S. Nitrate distribution and accumulation in an Ustochrept soil profile in a long term fertilizer experiment[J]. Fertilizer Research, 1991, 28(2): 173-177.

[10] 石玉, 于振文. 施氮量及底追比例对小麦产量、土壤硝态氮含量和氮平衡的影响[J]. 生态学报, 2006, 26(11): 3662-3669.

[11] 王春阳, 周建斌, 郑险峰, 等. 不同栽培模式对小麦-玉米轮作体系土壤硝态氮残留的影响[J]. 植物营养与肥料学报, 2007, 13(6): 991-997.

[12] 党廷辉, 戚龙海, 郭胜利, 等. 旱地土壤硝态氮与氮素平衡-氮肥利用的关系[J]. 植物营养与肥料学报, 2009, 15(3): 573-577.

[13] LIU W Z, ZHANG X C. Optimizing water and fertilizer input using an elasticity index: A case study with maize in the Loess Plateau of China[J]. Field Crops Research, 2007, 100(2-3): 302-310.

[14] 唐拴虎, 杨改河. 旱地冬小麦产量与水分及施肥量关系的模拟研究[J]. 干旱地区农业研究, 1994, 12(3): 69-73.

第 6 章　覆盖条件下春小麦生长和水分利用效率

地面覆盖可以调控土壤与大气间水分连接性，减少土壤蒸发和提高土壤水分有效性。同时地面覆盖也改变土壤热传递和大气与土壤间能量和气体交换，影响土壤热气状况，进而影响水肥利用和微生物活动，必然影响作物产量和水分利用效率[1-8]。本章利用田间试验资料，分析塑料膜覆盖（B）、石子覆盖（S）、秸秆覆盖（M）和裸地（CK）对春小麦生长和水分利用效率的影响，为田间水分管理提供参考。

6.1　覆盖条件下光合作用日变化特征

6.1.1　叶片温度变化特征

图 6.1 显示了春小麦叶片温度（T_{leaf}）变化特征。由图可以看出，小麦叶片温度从早 8:00 随着气温回升而不断上升，到 14:00 达最大值，而后逐步下降。叶片温度的高低因覆盖方式的不同而出现了不同的变化特征。在 12:00 以前，叶片温度从大到小依次为 B>M>CK>S。在 12:00～16:00，叶片温度大小顺序为 S>B>M>CK。在 16:00～18:00，叶片温度大小顺序为 B>S>CK>M。但总体来看，覆盖处理的叶片温度高于裸地的叶片温度，这可能与土壤湿度和叶片湿度有一定的关系。

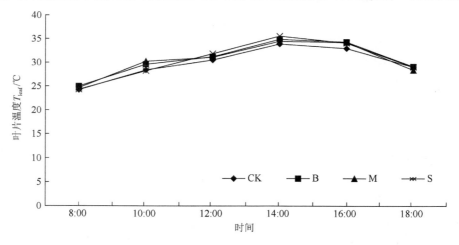

图 6.1　不同覆盖处理下春小麦叶片温度日变化

6.1.2 净光合速率变化特征

图 6.2 显示了不同覆盖处理下春小麦净光合速率（P_n）的日变化特征。在 4 种覆盖处理下，春小麦的光合速率呈单峰曲线变化。早 8:00～10:00 时，净光合速率的大小依次为 B>S>CK>M，随着太阳高度的增加，净光合速率上升。在 12:00 左右，B、S、CK 处理的净光合速率达到峰值。在 12:00 以后，各处理的净光合速率开始下降，而 M 处理的净光合速率继续上升，在 14:00 左右出现峰值，且之后的下降趋势缓慢，S 处理的净光合速率下降最快。在 16:00 时，净光合速率的大小依次为 B>M>CK>S，S 处理最小。而在 18:00 时，M 处理净光合速率急剧下降到最小。就全天各处理净光合速率的平均值变化来看，B 处理的净光合速率最大，而 M 处理的净光合速率小于对照处理 CK 的净光合速率，成为最低值。

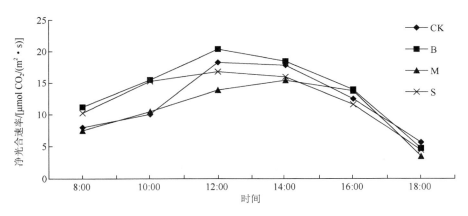

图 6.2 不同覆盖处理下春小麦净光合速率的日变化

6.1.3 蒸腾速率变化特征

春小麦蒸腾速率（T_r）和净光合速率的变化趋势基本一致。图 6.3 显示了不同覆盖处理下春小麦蒸腾速率的日变化特征。随着太阳高度的增加，蒸腾速率呈单峰曲线变化，在 14:00 左右达到峰值。其中蒸腾速率的大小依次为 B>S>CK>M。在 18:00 时，M、B 和 S 处理的蒸腾速率相近，远大于 CK 处理。

6.1.4 气孔导度变化特征

气孔导度（C_{ond}）的日变化特征和蒸腾速率日变化趋势高度一致（图 6.4），也是呈单峰变化，并在 14:00 出现最大值。在早 8:00 时，S 处理的气孔导度最大。在 10:00～16:00，气孔导度的大小依次为 B>S>CK>M。在 18:00 时，M 处理的气孔导度大于 CK 处理。

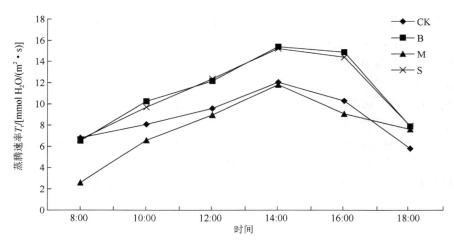

图 6.3　不同覆盖处理下春小麦蒸腾速率的日变化

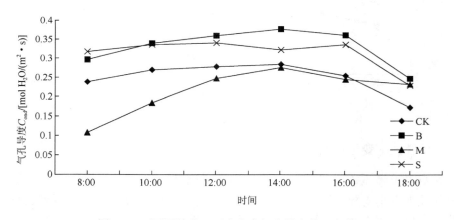

图 6.4　不同覆盖处理下春小麦气孔导度的日变化

6.2　覆盖条件下春小麦生育期内光合特征

　　为了研究生育期内春小麦光合作用的变化特征,选取小麦生长的两个关键阶段——拔节期和灌浆期研究春小麦光合特性。选取这两个阶段光合作用各参数的平均值来代表该时期光合作用的特征,具体参数如表 6.1 所示。不同覆盖处理下春小麦的净光合速率仍呈现拔节期大于灌浆期。在拔节期,B 处理相应的净光合速率、气孔导度和蒸腾速率最大，其次为 S 处理和 CK 处理，M 处理最小。在灌浆期，B 处理相应的光合速率最大，而气孔导度则最小，相应的蒸腾速率值最小。M 处理的光合速率最小，而气孔导度略大于 B 处理，相应的蒸腾速率也略大于 B 处理，小于 S 和 CK 处理。可见，净光合速率与气孔导度相反，蒸腾速率与气孔导度变化一致。叶片瞬时水分利用效率从大到小依次为 B>M>CK>S。春小麦叶片瞬时水分利用效率为灌浆期大于拔节期，灌浆期叶片瞬时水分利用效率最大值为 M 处理的 2.50μmol CO_2/mmol H_2O，其次分别是 B 处理 2.32μmol CO_2/mmol H_2O、S 处理 1.84μmol CO_2/mmol H_2O、CK 处理μmol CO_2/mmol H_2O、可见覆盖处理在春小麦后期生长的关键期可以有效地提高叶片的水分利用效率。

表 6.1　不同生育期春小麦光合特征

光合作用参数	拔节期				灌浆期			
	CK	B	M	S	CK	B	M	S
P_n /[μmol CO_2/（$m^2 \cdot s$）]	12.05	13.89	10.83	12.39	10.85	11.98	10.59	11.88
C_{ond} /[mol H_2O/（$m^2 \cdot s$）]	0.24	0.33	0.21	0.31	0.32	0.13	0.17	0.23
T_r /[mmol H_2O/（$m^2 \cdot s$）]	9.49	11.18	8.56	11.21	7.07	3.80	4.21	6.12
WUE /（μmol CO_2/mmol H_2O）	1.24	1.27	1.25	1.11	1.43	2.32	2.50	1.84

图 6.5 显示了不同覆盖处理下春小麦光响应曲线变化特征。由图 6.5 可知，不同覆盖处理下的春小麦净光合速率随着光合有效辐射的增加而增加。当 PAR 小于 200μmol/（$m^2 \cdot s$）时，春小麦的净光合速率是 B>S>CK>M。可见秸秆覆盖不利于春小麦对弱光的利用。当 PAR 大于 200μmol/（$m^2 \cdot s$）时，覆盖处理的净光合速率大于裸地处理，春小麦的净光合速率则是 B>S>M>CK，覆盖措施有利于提高春小麦对强光的利用效率。为了更加准确地了解光反应过程和定量地研究净光合速率，同样也选用 Farquhar 模型拟合不同覆盖条件下春小麦的净光合速率，并计算光补偿点和光饱和点以及其他光合特征参数。模型对净光合速率的拟合结果如图 6.6 所示，经误差分析，模拟值与实测值之间的均方根误差（RMSE）为 0.25～0.59；相关系数（R^2）为 0.98～0.99。模拟值与实测值吻合度较高。其中对地膜覆盖处理（B）下的净光合速率模拟精度最高，R^2 达到 0.99。

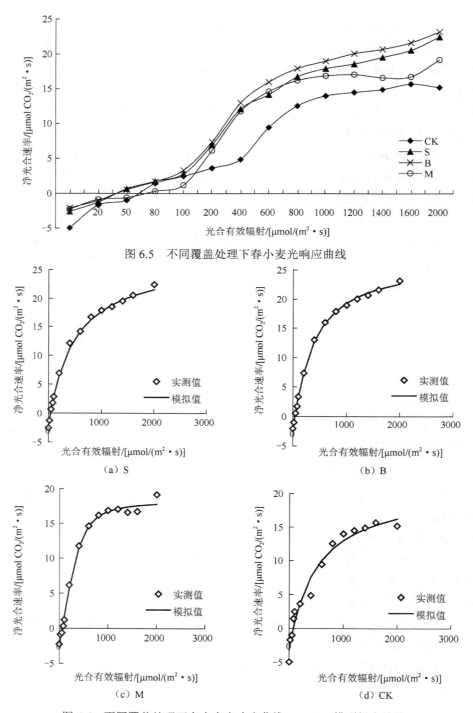

图 6.5　不同覆盖处理下春小麦光响应曲线

（a）S

（b）B

（c）M

（d）CK

图 6.6　不同覆盖处理下春小麦光响应曲线 Farquhar 模型拟合结果

利用光响应曲线的 Farquhar 数学模型，分别计算了四种覆盖处理下的光响应特征参数值，如表 6.2 所示。春小麦在不同的覆盖措施下最大光合速率（P_{max}）、光补偿点（LCP）、表观量子效率（Q）之间有着一定的差异。CK 处理的表观量子效率最大，为 2.061；其次为 B 处理的 0.047，M 处理最小。光补偿点大小体现了作物对弱光的适应能力和对光照条件的需求范围，表 6.2 中显示 LCP 为 23.51～65.49μmol/（m^2·s）。其中 M 处理下的光补偿点最大，为 65.49μmol/（m^2·s），其次是 S 和 B 处理，CK 最小，为 23.51μmol/（m^2·s），说明 M 比其他覆盖处理更适合弱光的条件，覆盖处理对弱光的利用效率高于 CK 处理。而覆盖处理中，M 处理对强光的利用效率大于其他处理。暗呼吸速率从大到小依次为 B>S>M>CK。实验数据显示，最大净光合速率（P_{max}）由大到小依次为 B>S>CK>M，可见 B 和 S 比 M 处理更有利于提高春小麦的最大净光合速率，且有较低的光补偿点和最高的光饱和点，并减小了暗呼吸速率的消耗。

表 6.2　不同覆盖处理下春小麦光响应曲线参数

覆盖处理	最大光合速率 P_{max} /[μmol/（m^2·s）]	光饱和点 LSP /[μmol/（m^2·s）]	光补偿点 LCP /[μmol/（m^2·s）]	表观量子效率 Q	暗呼吸速率 R /[μmol/（m^2·s）]	相关系数 R^2
S	28.57	22.44	45.58	0.047	−2.124	0.99
B	28.84	23.18	40.61	0.047	−2.925	0.99
M	21.60	19.17	65.49	0.036	−2.384	0.99
CK	24.33	15.70	23.51	0.061	−1.800	0.98

6.3　覆盖对春小麦水分利用效率的影响

6.3.1　覆盖对春小麦全生育期土壤温度变化影响

土壤温度通过影响春小麦叶片温度和作物的蒸腾作用，进而影响小麦的生长发育和土壤肥力。土壤温度变化一般表现为随着大气温度的上升而升高。由图 6.7 显示结果可以看出，各覆盖模式下 5cm 和 10cm 土层最高温度[图 6.7（a）和（b）]和最低温度[图 6.7（c）和（d）]变化趋势基本一致。覆盖处理下的土壤温度均比裸地的土壤温度低，主要原因是覆盖处理的表面形成物理阻隔，拦截和吸收了太阳辐射，阻碍了土壤与大气的水热交换。根据当地平均气温和最高气温结果显示，土壤温度随太阳的升高呈上升趋势，但土壤温度波动性变化过程中

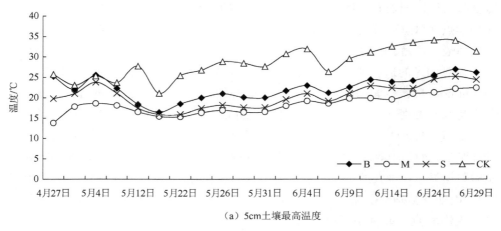

（a）5cm土壤最高温度

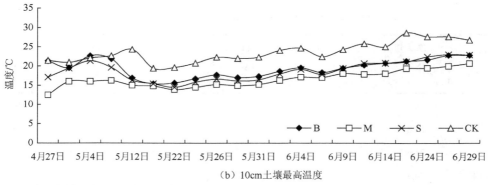

（b）10cm土壤最高温度

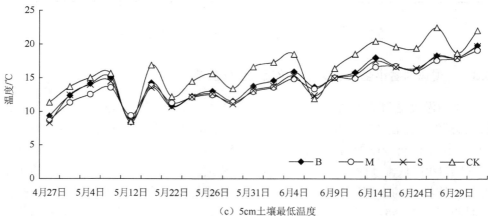

（c）5cm土壤最低温度

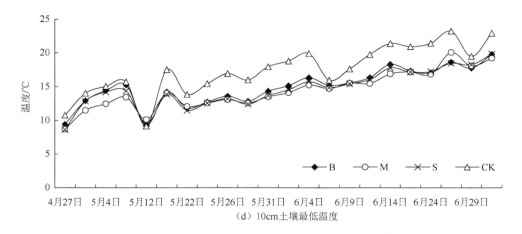

（d）10cm土壤最低温度

图6.7　不同覆盖处理下春小麦全生育期土壤的最高温度和最低温度

有高有低，这说明土壤温度并不是完全由大气温度所决定的，小麦植株的大小、降水和灌溉也会对土壤温度产生影响。在 5cm 土壤深度处，土壤温度表现为CK>B>S>M。在 10cm 深度处，土壤温度表现为 CK>B>S>M。5cm 和 10cm 处土壤温度相比，最高温度变幅相差较大，而最低温度变幅相差较小。主要由于早晨气温变化较小，中午气温急剧上升，表层土壤迅速增温，而深层土壤增温速率较小，地温变化相对比较平缓。对于 CK 处理，5 月 12 日和 6 月 7 日土壤最低温度突然低于覆盖处理，主要是因为 5 月 11 日降水 2.0mm 和 6 月 7 日降水 0.2mm。降水后裸地下渗较快，土壤表层比较湿润，且空气升温后土层增温也较快，土壤水汽蒸发快，土壤水分蒸发的同时消耗了一部分热能，从而降低了土壤温度。因此，降水后裸地土壤温度较覆盖处理低，且最高温度还是高于覆盖处理。此外，土壤表层最低温度在一定程度上受到土壤含水量的影响。

6.3.2　覆盖条件下春小麦灌浆期土壤温度的日变化

选取春小麦籽粒形成的关键期——灌浆期来研究不同覆盖模式下，5cm、10cm处温度日变化特征，结果如图 6.8 所示。CK 处理地温高于其他覆盖处理。对于5cm 处温度，S 处理升温较慢，在 8:00～14:00 均处于最低温度，14:00 以后温度高于 M 处理。M 处理土壤表层温度变化比较平缓，且在最高温出现以后一直处于最低值。B 处理土层温度大于其他覆盖处理。可见 B 处理较其他覆盖处理有利于土壤保温，而 M 处理降低了土壤温度。覆盖处理的 5cm 处土壤最高温度出现在下午 16:00，最低温度出现在 8:00，而 CK 处理在 15:00 时土壤温度最高温度。在10cm 处，B 处理在 18:00 时，M 和 S 处理在 19:00 时，CK 在 17:00 时，土壤温度最高。在晚 19:00 之后，覆盖处理土壤温度下降的幅度是 B>S>M，可见 B 的保温作用强于 S 和 M。在土壤 5cm 和 10cm 深度，CK 处理的最高温度比覆盖处理出现的时间早了 1h，这说明覆盖处理有延缓土壤升温和降温的作用。

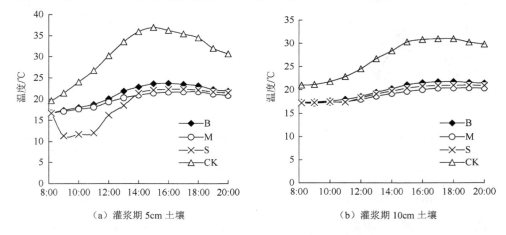

（a）灌浆期 5cm 土壤　　　　　　　　　（b）灌浆期 10cm 土壤

图 6.8　5cm 和 10cm 处土壤温度的日变化

6.3.3　覆盖条件下表层土壤湿度变化特征

为了研究不同覆盖措施对表层土壤的保水性能，利用 TDR 测定了从一次灌水后到下次灌溉之前连续 15d 内表层土壤水分变化趋势。在这期间无降水，土壤含水量只由灌水量决定（图 6.9）。由图 6.9 可知，灌溉后 2~11d，土壤含水量由高到低表现为 B>M>S>CK；而在 11d 时，B 处理土壤含水量下降幅度大于 M 处理，S 处理下降幅度大于 CK 处理。土壤含水量由高到低依次为 M>B>CK>S。在下次灌水前，S 处理的土壤含水量最低，M 处理的土壤含水量最高。可见，在灌水后的一段时间内，与 M 处理、S 处理相比，B 处理最有利于表层土壤含水量的保持。

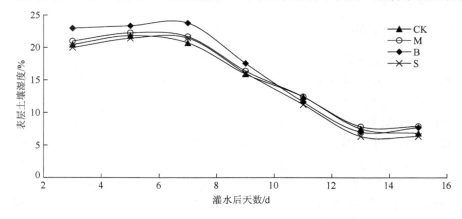

图 6.9　不同覆盖模式下土壤表层含水量变化

6.3.4　覆盖条件下叶片水分利用效率的影响因素主成分分析

利用主成分分析方法对春小麦水分利用效率与环境因子的关系进行分析，结果如表 6.3 所示。由表 6.3 可知，不同覆盖条件下影响春小麦的水分利用效率的环境因子也不同。对于 B 处理，叶片温度、蒸腾速率、5cm 土壤温度是第一主成分（λ_1），气孔导度、净光合速率、10cm 土壤温度、土壤含水量为第二主成分（λ_2）。对于 M 处理，5cm 土壤温度、10cm 土壤温度和土壤含水量是第一主成分。叶片温度、蒸腾速率、气孔导度和净光合速率为第二主成分。对于 S 处理，叶片温度、蒸腾速率和土壤湿度为第一主成分，气孔导度、净光合速率、5cm 土壤温度和 10cm 土壤温度为第二主成分。对于 CK 处理，叶片温度、蒸腾速率、净光合速率和 5cm 土壤温度是第一主成分，气孔导度、10cm 土壤温度、土壤含水量为第二主成分。综合以上结果，可知在覆盖条件下，叶片温度（T_{leaf}）、5cm 土壤温度（T_{5cm}）和土壤含水量（θ_w）是影响春小麦水分利用效率的重要因素，土壤表层温度和叶片温度可以通过影响酶的活性而直接影响光合作用，从而影响了叶片的水分利用效率。

表 6.3　不同覆盖条件下春小麦叶片水分利用效率的影响因子主成分分析

覆盖处理	λ	特征值	方差/%	特征向量							主成分
				T_{leaf}	T_r	C_{ond}	P_n	T_{5cm}	T_{10cm}	θ_w	
CK	λ_1	3.72	53.17	0.98	0.85	0.37	0.71	0.89	0.70	−0.32	T_{leaf}、T_r、P_n、T_{5cm}
	λ_2	3.08	44.04	−0.01	0.49	0.92	0.65	−0.45	−0.71	0.94	C_{ond}、T_{10cm}、θ_w
B	λ_1	4.29	64.30	0.99	0.94	0.62	0.38	0.84	0.69	0.78	T_{leaf}、T_r、T_{5cm}
	λ_2	1.51	31.57	0.13	0.35	0.72	0.92	−0.49	−0.69	−0.49	C_{ond}、P_n、T_{10cm}、θ_w
M	λ_1	4.63	66.18	0.38	0.44	0.61	−0.25	0.91	0.96	−0.92	T_{5cm}、T_{10cm}、θ_w
	λ_2	1.76	25.14	0.88	0.79	0.74	0.95	0.37	0.15	−0.04	T_{leaf}、T_r、C_{ond}、P_n
S	λ_1	4.45	69.29	0.94	0.97	0.52	0.69	0.91	0.32	−0.84	T_{leaf}、T_r、θ_w、T_{5cm}
	λ_2	1.89	21.25	0.33	0.08	−0.75	−0.72	0.24	0.93	0.05	C_{ond}、P_n、T_{10cm}

注：T_{leaf} 为叶片温度，℃；T_r 为蒸腾速率，$\mu mol/(m^2 \cdot s)$；P_n 为净光合速率，$\mu mol/(m^2 \cdot s)$；C_{ond} 为气孔导度，$\mu molH_2O/(m^2 \cdot s)$；$T_{5cm}$ 为 5cm 土壤温度，℃；T_{10cm} 为 10cm 土壤温度，℃；θ_w 为土壤含水量，cm^3/cm^3。

6.3.5　覆盖条件下春小麦生育期土壤储水量动态变化特征

1. 覆盖条件下春小麦全生育期土壤含水量变化特征

图 6.10 所示的结果表明，不同覆盖处理下，表层 0~20cm 土壤含水量随着四次灌水也出现了四个峰值。覆盖处理的表层土壤含水量都大于裸地处理的土壤含水量。其中，B 处理的土壤含水量最高，其次是 M 处理，S 处理的土壤含水量最低。20~40cm 土壤含水量受地面灌溉的影响呈现波动下降趋势，但总体上曲线波动较表层土壤要小。在生长初期，S 处理的土壤含水量略高；生长中期则是 B 处

理的含水量高于其他处理；后期则是 M 和 S 处理的土壤含水量略高于 B 处理。100～160cm 土壤含水量在抽穗前期为 B 处理最大，而在抽穗期至成熟期，M 处理土壤含水量下降最少。主要由于 M 处理在降低土壤温度的同时也阻隔了一部分到达地面的太阳辐射量，减小了土壤水分的蒸发，有利于提高土壤的保水性。180～300cm 土层土壤含水量在拔节期初期有明显的下降，其他各个时期变化不大。

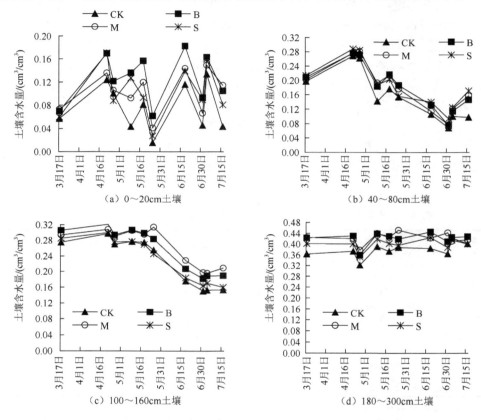

图 6.10　不同覆盖处理下 0～300cm 土层春小麦全生育期土壤含水量

2. 覆盖条件下春小麦全生育期耗水量与水分利用效率

覆盖模式对春小麦全生育期内的土壤储水量有一定的影响，因此导致了生育期内春小麦的总耗水量存在差异（表 6.4）。2011 年春小麦的耗水量分别为：B 处理为 492.89mm，比 CK 减少了 13.0%；M 处理为 487.80mm，比 CK 减少了 14%；S 处理为 511.55mm，比 CK 减少了 8.0%。2012 年春小麦的耗水量分别为：B 处理为 510.46mm，比 CK 减少了 8.3%；M 处理为 498.57mm，比裸地减少了 10.47%；石子覆盖为 542.65mm，比 CK 减少了 2.6%。水分利用效率为 10.94～14.25kg/（hm² · mm），灌溉水分利用效率为 16.04～20.21kg/（hm² · mm）。2011 年和 2012

年均是 B 处理的春小麦水分利用效率最高。2011 年和 2012 年试验数据显示，春小麦耗水量的大小依次为 CK>S>B>M，B 处理的产量和水分利用效率均远高于 CK。因此，在考虑节水与提高产量条件下，应该选取 B 处理作为适应该研究区域的最佳的覆盖模式。

表 6.4 2011、2012 年不同覆盖处理下春小麦全生育期耗水量与水分利用效率

年份	覆盖处理	P /mm	I /mm	ΔW/mm	ET /mm	ET 减小量/%	WUE /[kg/（hm^2·mm）]	WUE$_i$ /[kg/（hm^2·mm）]
2011 年	CK	51.0	360	156.37	567.37	—	10.94	17.24
	B	51.0	360	132.89	492.89	13	12.87	17.62
	M	51.0	360	127.80	487.80	14	11.84	16.04
	S	51.0	360	151.55	511.55	10	12.24	17.39
2012 年	CK	59.5	360	137.70	556.90	—	11.53	17.84
	B	59.5	360	91.26	510.46	8.34	14.25	20.21
	M	59.5	360	79.37	498.57	10.47	11.87	16.44
	S	59.5	360	123.45	542.65	2.56	12.46	18.79

参 考 文 献

[1] 郝科星. 旱地高粱渗水地膜覆盖的生态效应[J]. 安徽农业科学, 2007, 35(3): 691-692.

[2] 李华. 旱地地表覆盖栽培的冬小麦产量形成和养分利用[D]. 杨凌: 西北农林科技大学, 2012.

[3] SHARMAP, ABROL V, SHARMA R K. Impact of tillage and mulch management on economics, energy requirement and crop performance in maize–wheat rotation in rainfed subhumid inceptisols, India[J]. European Journal of Agronomy, 2011, 34(1): 46-51.

[4] 王彩绒, 田霄鸿, 李生秀. 沟垄覆膜集雨栽培对冬小麦水分利用效率及产量的影响[J]. 中国农业科学, 2004, 37(2): 208-214.

[5] 宋秋华, 李凤民, 王俊, 等. 覆膜对春小麦农田微生物数量和土壤养分的影响[J]. 生态学报, 2002, 22(12): 2125-2132.

[6] 关红杰, 冯浩, 吴普特. 土壤砂砾覆盖对入渗和蒸发影响研究进展[J]. 中国农学通报, 2008, 24(12):289-293.

[7] 陈素英, 张喜英, 裴冬, 等. 玉米秸秆覆盖对麦田土壤温度和土壤蒸发的影响[J]. 农业工程学报, 2005, 21(10):171-173.

[8] 党占平, 刘文国, 周济铭, 等. 渭北旱地冬小麦不同覆盖模式增温效应研究[J]. 西北农业学报, 2007, 16(2):24-27.

第7章 春冬小麦生长与耗水过程的数值模拟

旱作农业是我国北方地区特别是西北地区主要的农业耕作形式，加之西北地区处于干旱半干旱区，降水量较少且年际变化较大，因此水分成为制约该区域作物生长的一个主要因素。尽管作物生长受多因素制约，通过不同技术手段可以提高作物产量，如黄国勤等认为通过作物轮作可以提高产量，但农民受传统习惯以及降水等区域气候因素的影响，更倾向于种植单季作物[1]。影响作物产量的另一个主要因子是调整作物肥料的施用量，同时也有研究表明，在一定时期内作物追肥能够显著提高其产量。但有研究表明在较长的时期内，肥料的施加反而会导致作物产量下降[2,3]。可见，土壤水分及其分布情况是影响作物生物量的重要因素，如何制定最优化的水肥管理措施成为研究的焦点。基于此，有许多学者进行了作物生长与耗水过程的耦合研究，如赵千钧等建立了 SPAC 系统，对鲁西北地区冬小麦全生育期的耗水过程进行了研究，并模拟计算其土壤水分动态，进而探讨了其灌水管理模式[4]。杨晓亚等在田间试验条件下，研究了不同灌水处理对冬小麦的耗水特征和氮素积累分配的影响，并最终给出了最佳的灌水处理[5]。目前，关于作物产量与灌溉量模拟模型较多，如 CROPWAT 模型、DSSAT 模型等，但作物模型较为复杂、输入数据要求较多等问题，限制了模型的推广应用[6-10]。联合国粮食及农业组织（FAO）研发了 AquaCrop 模型，并迅速得到了广泛应用[11-17]。

7.1 AquaCrop 模型特点

AquaCrop 模型是由联合国粮食及农业组织研究开发的一种作物生长模型，该模型以水分驱动为主，主要用于描述作物产量及生物量与水分的响应机制。通过冠层覆盖度（CC）来代替叶面积指数，进而计算作物实际蒸腾量（T），并利用计算的实际蒸散发量，获得土面蒸发量，将土面蒸发量和实际蒸散量分离，可用于果树/粮食作物、绿叶蔬菜作物、根和块茎作物以及草料作物的模拟。

AquaCrop 模型最显著的特点：①将土面蒸发量和实际蒸散量分离，进而计算作物实际蒸腾量；②通过冠层覆盖度来代替叶面积指数；③通过生物产量和收获指数来表示产量；④生物量水分生产力（或生物量水分利用效率）关系是生长模型的核心，以水驱动为主；⑤气候标准化程序能模拟整个地区和季节的作物生长情况；⑥考虑所有可能的供水条件（雨养、补充灌溉、亏缺灌溉和充分灌溉）、营养机制、盐分和毛细管提升作用；⑦具有预测作物对未来气候变化的响应的能力；

⑧具备日历时间和热时间两个选项；⑨存在三个主要类型的水响应机制：冠层扩张、气孔关闭和衰老；⑩解决规划、管理和情景模拟。AquaCrop 模型具有需要参数数量较少、界面优美、操作简单和准确性高的特点。模型主要包括气象模块、作物模块、田间管理模块和土壤模块四个模块。

生物量和产量表示为

$$B = W_p \cdot \sum T_r \tag{7.1}$$
$$Y = B \cdot HI \tag{7.2}$$

式中，B 为生物量，t/hm^2；W_p 为作物水分生产函数，$kg/(m^2 \cdot mm)$；T_r 为蒸腾量；HI 为收获指数。

7.2　春小麦生长与耗水过程的数值模拟

7.2.1　AquaCrop 模型参数确定

1. 气象参数

模型所需要的气象资料由中国科学院临泽站自动气象站测定。输入参数包括日降水、日最高和最低温度、大气 CO_2 浓度等。其中模型所需的潜在蒸散量（ET_0）由逐日最高和最低大气温度、光合有效辐射、相对湿度和地面 2m 处的风速计算获取。整个生育期内 2011 年降水量为 51mm，2012 年降水量为 59.5mm。降水量和潜在蒸散量如图 7.1 和图 7.2 所示。

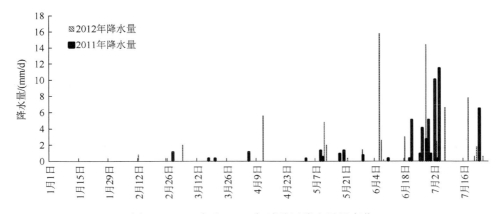

图 7.1　2011 年和 2012 年试验区降水量日变化

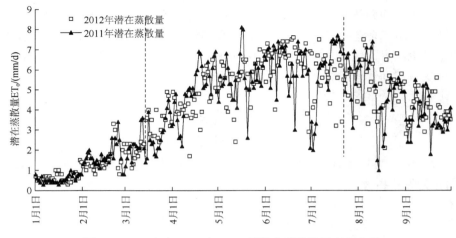

图 7.2　2011 年和 2012 年 1～9 月潜在蒸散量日变化曲线

2. 作物参数

根据大田春小麦试验，记录作物生长天数，以及各个生育阶段的生长天数，如播种和收获的日期、最大冠层覆盖度和最大根系的日期、冠层增长和衰老的速度、开花期等。并在拔节期、灌浆期、抽穗期、成熟期测定叶面积指数、地上生物量等。根据叶面积指数来计算冠层覆盖度，其计算式为

$$CC = 1.005 \times \left[1 - \exp(-0.6 LAI)\right]^{1.2} \tag{7.3}$$

式中，CC 为冠层覆盖度，%；LAI 为叶面积指数。

3. 管理模块

利用水表记录每次灌水量和具体灌溉时间。

4. 土壤参数

将小区土壤剖面由上至下分为五层，各层的土壤物理参数以及利用定水头法测定的土壤饱和导水率，见表 7.1。

表 7.1　试验田土壤剖面各层土壤物理参数

剖面深度 /cm	饱和含水量 θ_s / （cm^3/cm^3）	萎蔫含水量 θ_f / （cm^3/cm^3）	田间持水量 F_c / （cm^3/cm^3）	饱和导水率 K_s / （mm/d）
0～20	0.37	0.09	0.20	609
20～80	0.36	0.09	0.21	346
80～100	0.34	0.10	0.24	532
100～120	0.28	0.05	0.10	1727
120～160	0.45	0.17	0.37	161

5. 初始条件

输入播种前土壤的初始含水量。土壤含水量利用 TDR 测定，以 20cm 为间隔来测定 0～200cm 土层深度土壤含水量。利用观测井来测定作物生育期内地下水位的变化。

7.2.2　AquaCrop 模型准确性评价

利用 2012 年田间观测的数据建立数据库，对模型参数进行验证与调整。通过 2012 年 6 种水分处理的参数模拟生物量、产量、冠层覆盖度以及土壤含水量。将模拟值与实测值相比，以误差最小的模拟参数作为适宜该地区的作物参数。具体基本参数如表 7.2 所示。利用 2011 年的试验数据对模型进行校验。

表 7.2　春小麦模型输入参数表

模型输入参数	参数取值	参数来源
气象资料	ET_0、CO_2、日均温度与湿度、日降水量等	气象站观测值
土壤资料	剖面土壤颗粒组成、容重、土壤水力学参数和初始含水量	实验分析
田间管理	灌溉时间与灌水量	田间实测
初始冠层覆盖度（CC_0）	$1.5cm^2$	田间实测
作物水分生产效率（WP*）	$20g/m^2$	估算值
作物生长的最低温度	0℃	气象站观测值
作物生长的最高温度	30℃	气象站观测值
冠层最大覆盖度（CC_x）	98%	田间实测
对作物冠层生长影响上限	0.45	估算值
对作物冠层生长影响下限	0.75	估算值
作物冠层增长胁迫形状系数	6.0	估算值
作物气孔开度的影响	0.85	估算值
作物气孔胁迫形状系数	2.5	估算值
参考收获指数（HI）	47%	田间实测
开花的天数	8d	田间实测
播种后出苗的天数	8d	田间实测
最大有效根系（Z_x）	1.5m	田间实测

7.2.3　春小麦生长与耗水过程的模拟分析

1. 土壤储水量模拟

AquaCrop 模型主要的驱动力为土壤水分，因此土壤储水量模拟计算准确性可作为判断模型是否适用于该地区作物生长过程模拟的关键依据。模型中土壤储水量是基于 2012 年的气象资料和播种前土壤的初始储水量计算获得。因此，利用 2012 年从播种到收获期间的土壤储水量的实测值和模拟值对比分析，判断模型的

准确性。模拟值与实测值的对比如图 7.3 所示。由图 7.3 可知，土壤储水量高低主

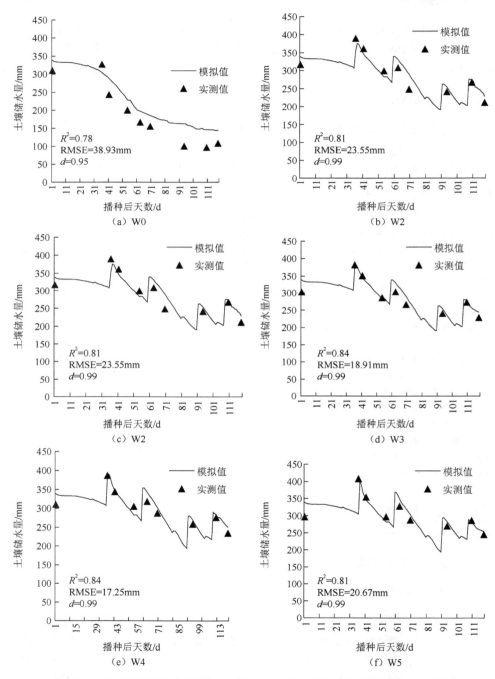

图 7.3　2012 年不同灌水处理下 0～150cm 土层土壤储水量的模拟值与实测值

要受到灌水量影响，W5 和 W4 处理的土壤储水量远大于其他各处理下的土壤储
水量。W1、W2、W3、W4 和 W5 处理土壤储水量随着灌溉时间而出现波动。其
中，四个波峰值分别为四次灌水期。W0 为雨养处理，土壤储水量从开始播种到
收获的总体趋势为下降趋势。期间有轻微的间断性上升波动，主要由于表层土壤
受到降水的影响，如 2012 年 7 月 6 日降水量 6.6mm，引起了土壤储水量的上升波
动。而其他处理因为灌水量远远大于降水量，因此土壤储水量受降水的波动变化
不明显。经误差检验，低灌水处理的土壤储水量模拟值与实测值间的 R^2 和 d 较小，
而 RMSE 较大。相反，高灌水处理与低灌水处理相比，土壤储水量模拟值与实测
值间的 R^2 和 d 较大，且 RMSE 较小。可见，AquaCrop 模型对 W3、W4、W5 高
灌水处理的土壤储水量模拟精度要高一些。

2. 春小麦冠层覆盖度模拟

AquaCrop 模型能够较为精确地模拟小麦播种后的冠层覆盖度变化趋势。
图 7.4 显示了 2011 年和 2012 年在 W0 和 W4 处理条件下，冠层覆盖度在不同播

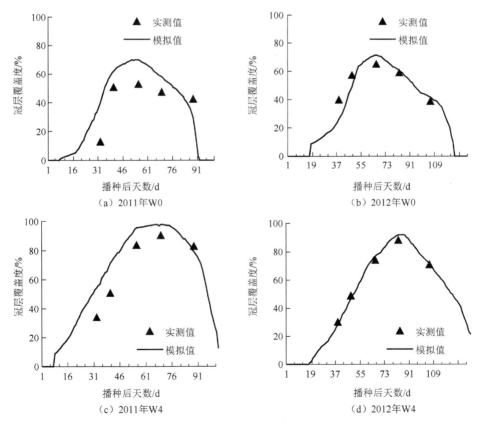

图 7.4　2011、2012 年 W0 和 W4 处理下春小麦冠层覆盖度模拟值与实测值

种天数后的变化情况。可见，在不同灌水处理和不同年份下，冠层覆盖度变化曲线均呈抛物线分布。2011 年 W0、W4 处理下，2012 年 W0、W4 处理下，在 75d 左右冠层覆盖度达到最大值。2011 年，在 W0 和 W4 处理条件下，AquaCrop 模型模拟值与实测值存在较好的一致性，但也有一定的差异。其中，W0 和 W4 处理条件下，在播种后 80d 左右模拟值均大于实测值，其后期实测值高于模拟值。同时，W4 处理条件下，模拟值与实测值的吻合度要高于 W0 处理条件下。对于 2012 年 W0 和 W4 处理，AquaCrop 模型模拟值与实测值的吻合度要高于 2011 年。对于 2012 年 W0 灌水处理，在播种后 40d 左右，冠层覆盖度模拟值要小于实测值，其后模拟值大于实测值。而其 W4 处理条件下的模拟值与实测值的误差要小于其 W0 处理条件下，二者之间呈现高度的吻合。将模型计算的春小麦作物产量和生物量的模拟值与实测值进行比较，利用相关系数（R^2）、一致性指数（d）、均方根误差（RMSE）来评价模型的准确性，其中 R^2 为 0.98～0.99，d 为 0.86～0.99，RMSE 为 7.78%～17.01%。

3. 春小麦地上生物量模拟

利用 AquaCrop 模型，模拟 2011 年和 2012 年 W0、W4 灌水处理条件下地上生物量。图 7.5 结果显示模拟值与实测值存在较好的一致性，但二者之间也存在一定差异。其中，2011 年 W0 处理条件下，模拟值要高于实测值，并且二者之间的误差较大；2011 年 W4 处理条件下与 2012 年 W0 处理条件下，在播种后前期模拟值大于实测值，在播种后 50d、40d 后模拟值小于其实测值。2012 年 W4 处理条件下，模拟值与实测值的吻合度最高。2011 年，对于 W0 处理，AquaCrop 模型模拟值大于实测值；而对于 W4 处理，在播种后 50d 前，模拟值大于实测值，其后模拟值小于实测值。其中 R^2 为 0.98～0.99，d 为 0.96～0.98，RMSE 为 1.40～1.75t/hm^2。2012 年 W0 与 W4 处理的实测值与模拟值的误差均小于 2011 年。

4. 春小麦产量模拟

采用 AquaCrop 模型对各灌水处理的春小麦籽粒产量进行了模拟。表 7.3 显示了 2011 年和 2012 年 6 种处理下春小麦实测产量与模拟产量和实测地上生物量与模拟地上生物量的相对误差。结果显示，W0 处理和 W1 处理下的产量误差较大，而 W2、W3、W4 和 W5 处理下的产量误差较小。W0 处理下 2011 年和 2012 年地上生物量的模拟值与实测值之间的误差较大。其他灌水处理下，春小麦地上生物量的模拟值与实测值之间的误差较小。可见，AquaCrop 模型对高灌水处理下的春小麦产量和地上生物量的模拟更加精确，误差值小。而对无灌水处理（W0）和低灌水处理（W1）的产量和地上生物量的模拟误差值较大。但是总体上看，生物量模拟值是随着灌水量的增加而增加，产量模拟值则是随着灌水量的增加先增加后减小，变化规律与实测值的变化规律相一致。

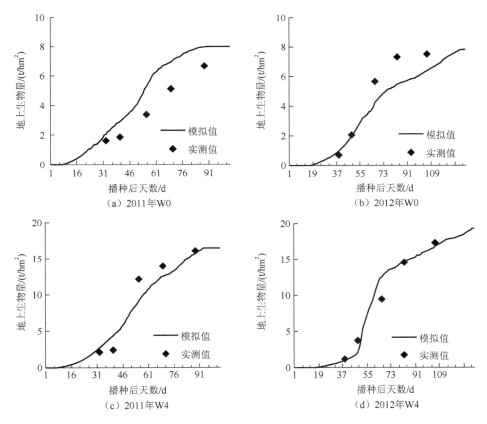

图 7.5　2011、2012 年 W0 和 W4 处理下春小麦地上生物量模拟值与实测值

表 7.3　小麦地上生物量、产量的模拟值与实测值之间的误差计算

年份	灌水处理	地上生物量			产量		
		实测值 /（t/hm²）	模拟值 /（t/hm²）	误差/%	实测值 /（t/hm²）	模拟值 /（t/hm²）	误差/ %
2011 年	W0	6.67	7.71	13.49	2.52	2.40	−5.00
	W1	11.97	12.88	7.07	4.85	3.93	−23.41
	W2	12.37	13.32	7.13	5.18	5.09	−1.77
	W3	15.83	14.69	−7.76	6.21	6.03	−2.99
	W4	16.10	15.71	−2.48	6.88	6.27	−9.73
	W5	15.68	15.71	0.19	6.44	6.26	−2.88
2012 年	W0	7.51	5.33	−40.90	2.40	3.67	34.60
	W1	14.75	14.33	−2.93	5.09	5.83	12.69
	W2	15.18	15.22	0.26	5.97	6.24	4.33
	W3	16.99	15.59	−8.98	6.42	6.73	4.61
	W4	17.32	16.83	−2.91	7.01	7.58	7.52
	W5	18.01	17.72	−1.64	6.80	7.56	10.05

选取代表性的 W0 和 W4 灌水处理下的籽粒产量，画出 1∶1 线图，如图 7.6 所示。2011 年和 2012 年春小麦产量的模拟值和实测值之间拟合度较好，R^2 分别为 0.95 和 0.97。2012 年的春小麦产量大于 2011 年春小麦产量，但变化幅度不大。

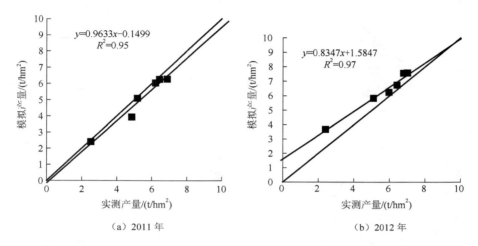

（a）2011 年　　　　　　　　　　（b）2012 年

图 7.6　2011、2012 年 W0 和 W4 处理下春小麦产量模拟值与实测值

7.3　冬小麦生长与耗水过程的数值模拟

7.3.1　AquaCrop 模型参数确定

1. 气象参数

模型所需要的气象资料由中国科学院长武生态试验站自动气象站测定。所需参数包括日降水、日最高和最低温度、日照小时数、相对湿度、大气 CO_2 浓度等。其中模型所需的潜在蒸散量（ET_0）由 ET_0 计算软件计算得到，计算方法为 FAO 所推荐的 Penman-Monteith 公式。输入的参数由逐日最高和最低大气温度、相对湿度、日照小时数和地面 2m 处的风速计算获取。试验期间的降水和潜在蒸散量如图 7.7 所示。

2. 作物参数

根据大田冬小麦试验，记录冬小麦播种后的生长天数以及各个生育阶段的开始日期，如播种和收获的日期、最大冠层覆盖度和最大根系的日期、冠层增长和衰老的速度、开花期等。并在越冬期、返青期、拔节期、抽穗期（或开花期）、灌浆期和成熟期测定叶面积指数、地上生物量等。并用叶面积指数来计算冠层覆盖

度，其计算式为

$$CC=1.005 \cdot \left[1 - \exp\left(-0.6LAI\right)\right]^{1.2} \quad (7.4)$$

式中，CC 为冠层覆盖度，%；LAI 为叶面积指数。

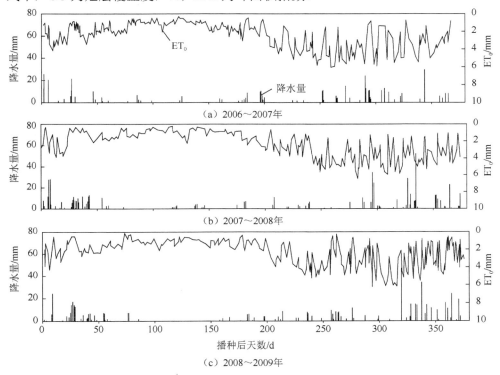

图 7.7　2006～2007 年、2007～2008 年和 2008～2009 年生长季节里的日降水量和潜在蒸散量

3. 管理模块

主要是田间管理参数，其中最主要的是每次灌水时间以及灌水量，每次灌水量利用水表记录。

4. 土壤参数

土壤剖面特征参数主要参考了郭庆荣等的测定结果[18]。土壤剖面各层的水分特征曲线如图 7.8 所示。

5. 初始条件

输入播种前土壤的初始含水量。土壤含水率主要是利用土钻取土然后用经典的烘干法测得，然后分为 11 层输入。1m 以上以 10cm 为间隔进行测定，100～300cm 以 20cm 间隔进行土壤含水量测定。

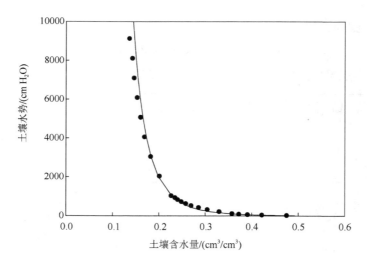

图 7.8　试验地土壤水分特征曲线

7.3.2　AquaCrop 模型参数率定

利用 2010～2011 年田间观测的数据建立数据库，对模型进行参数的验证与调整。利用 2010～2011 年 6 种水分处理的作物参数来模拟生物量、产量、冠层覆盖度以及土壤含水量，并将模拟值与实测值相比，以误差最小的模拟值作为适宜该地区的作物参数，具体参数如表 7.4 所示，然后利用其他年份的试验数据对模型进行校验。

表 7.4　长武实验区模型调试参数

参数名称	参数值	单位或意义
作物活动所需最低温度	0	℃，低于此温度作物生长停止
作物活动所需最高温度	30	℃，高于此温度作物生长停止
幼苗初始地表覆盖度（CC_0）	1.5	cm^2，每植株的初始叶面积
最大地表覆盖度（CC_x）	98%	允许范围内的最大地表覆盖度
冠层增长系数（CGC）	4.2%	允许范围内的地表覆盖度在每天最大增加量
冠层衰退系数（CDC）	8.4%	允许范围内的地表覆盖度在每天最大减少量
作物水分生产效率（WP*）	17	g/m^2，大气 CO_2 函数
叶面积增长临界值 p-upper	0.25	高于此值作物生长开始受限制
叶面积增长临界值 p-lower	0.6	p 值时作物生长完全停止
叶面积增长胁迫系数曲线形状	3	中度适应凹形曲线
气孔导度阈值 p-upper	0.6	高于此值气孔关闭
气孔导度系数曲线形状	3.0	中度适应凹形曲线
衰老胁迫系数 p-upper	0.7	高于此值叶片开始衰老
衰老胁迫系数曲线形状	3.0	中度适应凹形曲线

续表

参数名称	参数值	单位或意义
收获指数	51%	最佳条件下作物增长的收获指数
开花天数	8	d
籽粒建成期	35	d，籽粒增加的天数
出苗天数	7	d
最大有效根系深度 Z_x	2.0	m

从播种到出现最大冠层，天数、开花天数、冠层衰老发生日期、收获时间等为实时记录。对于 2009~2010 年和 2010~2011 年两个生长季，叶面积指数在每个生育期使用 LAI-2050 冠层分析仪进行测量。在其他生长年限里，叶面积使用爱普生 Perfection V700 Photo 扫描仪扫描处理。对 AquaCrop 模型输出的根区土壤含水量、冠层覆盖度（CC）、地上生物量和产量利用 2010~2011 年实验数据进行模型率定，利用其他四年实验数据（2006~2007 年、2007~2008 年、2008~2009 年和 2009~2010 年生长季）进行模型准确性评价。当使用 2010~2011 年的数据调试模型时，以生物量和产量为目标函数，通过试差法使模型的模拟结果和实测结果相匹配来校正参数。在进行模型参数校正时，参考 FAO 给定的模型参数取值范围，以模型自带的参数值为初赋值，调整幅度控制在 5% 以内，建立和生成模拟控制文件，进行模拟试验对比，分析模拟值与实测值在土壤水量平衡、生物量及产量之间的差异，不断调整参数，直至模拟值与实测值吻合程度良好。部分模型参数不随作物种植时间、管理措施及地理位置的变化而发生本质上的变化，故本书在运用 2010~2011 年试验数据进行模型调试时，这部分参数其值直接参考 AquaCrop 手册附录[19]。通过以上步骤，调试出适合试验区的参数值，如表 7.4 所示。

7.3.3　AquaCrop 模型准确性评价指标

本书选择均方根误差（RMSE）、相关系数（R^2）、模型效率值（ME）、一致性指数（d）以及 1:1 回归线等作为检验模拟结果与实测结果间符合程度的指标。

$$\mathrm{RMSE} = \left[\sum_{i=1}^{n} \frac{(P_i - O_i)^2}{n}\right]^{0.5} \tag{7.5}$$

$$\mathrm{ME} = \frac{\sum_{i=1}^{n}(O_i - \mathrm{MO})^2 - \sum_{i=1}^{n}(P_i - O_i)^2}{\sum_{i=1}^{n}(O_i - \mathrm{MO})^2} \tag{7.6}$$

$$d = 1 - \left[\frac{\sum_{i=1}^{n}(P_i - O_i)^2}{\sum_{i=1}^{n}(|P_i - \mathrm{MO}| + |O_i - \mathrm{MO}|)^2}\right] \tag{7.7}$$

式中，P_i 为模拟值；O_i 为实测值；MO 为实测值平均值。

7.3.4　模型模拟准确性分析

1.　土壤水分分布模拟准确性分析

AquaCrop 模型以水分驱动为主，因此土壤储水量的模拟结果作为判断模型是否能适用于该地区作物生长过程模拟的关键依据。图 7.9 显示了 2008～2009 年生长季四个不同灌水处理的根区（0～188mm）储水量的模拟值与实测值的对比情况。由图 7.9 可知，土壤储水量的大小受到灌水量显著影响，W4 处理的土壤储水量远大于其他各处理下的土壤储水量。各处理土壤储水量总体随着灌溉时间而出现波

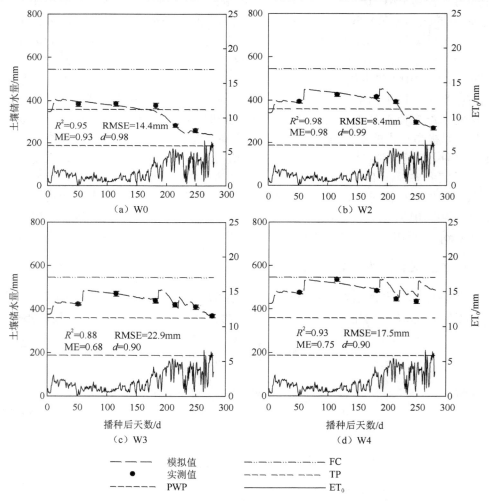

图 7.9　2008～2009 年不同灌水处理下 0～188mm 土层土壤储水量的模拟值与实测值

动。W0 为雨养处理，土壤储水量最低，土壤储水量由开始播种到收获的总体趋势为下降趋势。其中有间断性波动，是由于表层土壤受到降水的影响，引起了土壤储水量的上升波动。而其他处理灌水量远远大于降水量，因此土壤储水量受降水的波动变化不明显，而随每次灌水有上升波动。结果显示，W0 处理的模拟 R^2、RMSE、ME、d 分别为 0.95、14.4mm、0.93、0.98，W2 处理分别为 0.98、8.4mm、0.98、0.99，W3 处理分别为 0.88、22.9mm、0.68、0.90，W4 处理分别为 0.93、17.5mm、0.75、0.90。

2. 冠层生长的模拟分析

AquaCrop 模型能够较为精确地模拟冬小麦播种后的冠层覆盖度的发展趋势。图 7.10 显示了 2008～2009 年和 2009～2010 年两个生长季的 W4 和 W0 处理的冠层覆盖度变化情况。由图可见，在拔节期后，模型模拟值与实测值的吻合度较好，而在前期模拟值稍偏高于实测值。其原因可能是 AquaCrop 模型没有考虑冬小麦的越冬期，在该时期，小麦几乎处于休眠状态，除了根系，地上部分生长缓慢甚至停止生长。因此，冬小麦的冠层直到返青期以后才迅速增大。在返青期前，W0 处理的冠层模拟值与实测值的差异最明显。在 AquaCrop 模型中，冠层蒸腾作用

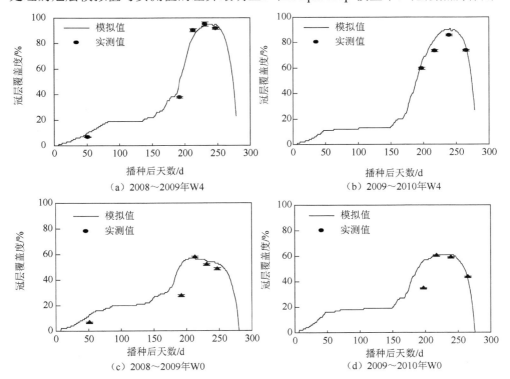

图 7.10　2008～2009 年和 2009～2010 年 W0 和 W4 处理下冬小麦冠层覆盖度模拟值与实测值

和光合作用降低的时期被设定为作物的衰老开始时间，即进入了成熟阶段[20]，而绿色冠层的衰退是用衰退系数来表征，冠层覆盖度的计算公式没考虑低温的影响，因此模型在越冬期间的冠层模拟计算不够准确。W0 处理越冬期土壤含水量最低，因此较其他处理模拟值与实测值差异更大。

3. 地上生物量的模拟分析

用 AquaCrop 模型模拟了 2008～2009 年和 2009～2010 年 W0、W4 灌水处理条件下生物量，图 7.11 显示模拟值与实测值存在较好的一致性，但二者之间也存在一定差异。其中 2008～2009 年 W0 处理条件下，前期模拟值小于实测值，而 2009～2010 年不灌溉处理的模拟值大于实测值。两年的高灌水处理模拟值和实测值都吻合较好。当然所有处理的越冬期相对误差较大，这与冠层覆盖度类似，原因是模型没有考虑冬小麦的越冬期。AquaCrop 模型中生物量的模拟是通过作物水分生产效率参数 WP*来完成，利用该参数与作物蒸腾建立关系，并最终决定于 ET_0 和 CO_2。

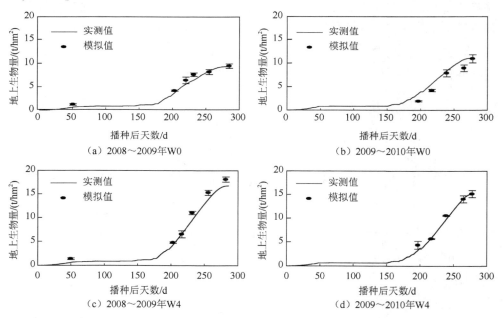

（a）2008～2009年W0　　　　　　　　（b）2009～2010年W0

（c）2008～2009年W4　　　　　　　　（d）2009～2010年W4

图 7.11　2008～2009 年和 2009～2010 年 W0 和 W4 处理下冬小麦地上生物量模拟值与实测值

4. 产量模拟准确性分析

采用 AquaCrop 模型对各灌水处理冬小麦籽粒产量进行了模拟，具体结果如表 7.5 所示。所有试验年限里不同处理产量的模拟值为 3.60～8.45t/hm²，而实测值为 3.37～8.69t/hm²。2009～2010 年的模拟结果与其他生长季的模拟结果相比不够准确。此外，2007～2008 年和 2008～2009 年的模型模拟效果较 2006～2007 年和 2009～2010 年的模拟效果好。这表明该模型模拟湿润年的粮食产量比干旱年的效果更好。正如前面所讨论的，这种差异可能是由于模型模拟越冬期能力有限。2009～2010 年的模拟结果比实测值偏高，这可能由于 2010 年收获时期的雨量较大，这部分降水对产量的贡献很少。对于 2006～2007 年，模型高估了低水处理的产量，而高估了高水处理的产量。这表明在干旱年，由于小麦自身的调节，高灌水量可能超出了需水要求。但是总体来看，地上生物量的模拟值随着灌水量的增加而增加，而产量随灌水量的增加先增加后减小。这一变化规律与实测值变化规律一致。

表 7.5　冬小麦地上生物量和产量模拟值与实测值以及误差计算

年份	灌水处理	地上生物量			产量		
		实测值 /（t/hm²）	模拟值 /（t/hm²）	误差/%	实测值 /（t/hm²）	模拟值 /（t/hm²）	误差/%
2006～2007 年	W0	8.64	8.10	-6.7	3.77	3.60	-4.7
	W1	10.21	10.52	2.9	4.43	5.23	15.3
	W2	12.30	12.28	-0.2	5.65	6.24	9.5
	W3	12.28	12.70	3.3	6.99	6.33	-10.4
	W4	12.88	12.71	-1.3	7.22	6.55	-10.2
2007～2008 年	W0	10.36	10.11	-2.5	4.26	3.82	-11.5
	W1	11.89	12.78	7.0	6.08	5.71	-6.5
	W2	13.85	14.86	6.8	7.45	6.61	-12.7
	W3	16.14	16.11	-0.2	8.36	8.20	-2.0
	W4	16.48	16.32	-1.0	8.69	8.34	-4.2
2008～2009 年	W0	9.96	9.45	-5.4	4.98	4.70	-6.0
	W1	12.75	12.15	-4.9	6.32	6.16	-2.6
	W2	14.56	15.16	4.0	7.66	7.85	2.4
	W3	15.85	15.99	0.9	8.23	8.30	0.8
	W4	16.40	16.44	0.2	8.49	8.45	-0.5
2009～2010 年	W0	8.99	10.90	17.5	5.06	5.33	5.1
	W1	11.08	12.10	8.4	5.80	7.12	18.5
	W2	12.29	13.23	7.1	6.70	7.21	7.1
	W3	14.05	14.23	1.3	6.83	7.50	8.9
	W4	14.86	14.70	-1.1	7.62	7.69	0.9
2010～2011 年	W0	8.65	9.80	11.7	4.40	4.81	8.5
	W1	12.27	12.90	4.9	6.71	6.74	0.4
	W2	13.77	14.17	2.8	7.20	7.27	1.0
	W3	14.29	14.54	1.7	7.92	7.48	-5.9
	W4	14.22	14.67	3.1	7.88	7.54	-4.5

7.4　冬小麦田间水分管理模式优化

7.4.1　降水年型划分

不同的降水年型划分按照陶林威等提出的标准，即丰水年 $P_i > P + 0.33\delta$；干旱年 $P_i < P - 0.33\delta$。式中，P_i 为全年降水量，mm；P 为多年平均降水量，mm；δ 为每年总降水量与多年平均降水量的平均方差，mm[21]。

由于冬小麦的生长季节一般是从 9 月到来年的 7 月左右，因此每年的总降水量用 8 月到来年 7 月 12 个月的降水总量来表示。根据上述标准，试验区 2007～2008 年是丰水年，2008～2009 年和 2009～2010 年是平水年，2006～2007 年和 2010～2011 年是干旱年。

7.4.2　水分管理模式优化

从试验结果可看出，在不同降水年型中，不同的灌溉制度条件下产生不同的产量和相应的水分利用效率。高的灌水量并不一定产生最大的产量。在现代农业生产中，人们最关心的问题是在适宜的农田水分条件下，整个农业生产区单位灌溉水量所产生的经济利益。在水资源日益紧缺的今天，提高水分生产率并制定最优灌溉制度，对该区发展高效节水农业至关重要。

以上结果显示，AquaCrop 模型可以很好地模拟该地区作物生长和土壤含水量动态。因此，通过设置不同降水年份下的灌溉方案，利用模型获得相应的产量、水分利用效率等，进而优化现有的水分管理，指导当地农业生产。选取了试验期间的三个不同降水年型并利用模型模拟了三年中不同的灌溉方案得到相应的产量，并计算了水分利用效率，结果分别见表 7.6～表 7.8。三个降水年型分别为 2007～2008 年（生育期降水量=260mm）、2008～2009 年（生育期降水量=184mm）、2006～2007 年（生育期降水量=151mm）。其中冬小麦各生育期的缩写形式如下：越冬期 OW、返青期 TG、拔节期 SE、开花期 FL、灌浆期 GF。

模拟结果显示，水分利用效率随着降水不同而不同。因此，对于不同降水年型，在不同的灌溉制度条件下形成不同的产量和相应的水分利用效率。在丰水年，WUE 为 0.88～1.4kg/（hm² · mm）（表 7.6）；在平水年，WUE 更高，其中最高的是 W2 处理，即越冬期+返青期两次灌水的处理，达到 1.56kg/（hm² · mm）（表 7.7）。如表 7.8 所示，干旱年的水分利用效率总体偏低，但是大体上类似于平水年。这主要由于水胁迫增大到某一程度时，它限制作物生长的同时却提高水的利用效率。

从 2006～2007 年、2007～2008 年和 2008～2009 年的模拟结果可以得到，与不灌水处理（W0）相比，一次灌水处理（W1）的产量分别增加了 33.0%、24.0%

表 7.6　丰水年的模拟结果

序号	灌水处理	灌溉时间	灌水量/mm	产量/（t/hm²）	水分利用效率/[kg/（hm²·mm）]
1	W5	OW，TG，SE，FL，GF	375	8.40	1.27
2	W4	OW，TG，SE，FL	300	8.34	1.30
3	W3	OW，TG，SE	225	8.09	1.40
4	W3	OW，TG，FL	225	7.90	1.37
5	W3	OW，FL，GF	225	7.82	1.36
6	W3	TG，SE，GF	225	7.87	1.37
7	W2	OW，TG	150	6.57	1.20
8	W2	OW，SE	150	6.42	1.17
9	W2	OW,FL	150	5.83	1.07
10	W2	OW，GF	150	4.84	0.88
11	W2	TG，SE	150	6.05	1.11
12	W2	TG，FL	150	5.54	1.01
13	W1	OW	75	5.70	1.17
14	W1	TG	75	5.56	1.14
15	W1	SE	75	5.56	1.14
16	W1	FL	75	4.51	0.93

表 7.7　平水年的模拟结果

序号	灌水处理	灌溉时间	灌水量/mm	产量/（t/hm²）	水分利用效率/[kg/（hm²·mm）]
1	W5	OW，TG，SE，FL，GF	375	8.68	1.39
2	W4	OW，TG，SE，FL	300	8.45	1.37
3	W3	OW，TG，SE	225	8.30	1.48
4	W3	OW，TG，FL	225	7.94	1.41
5	W3	TG，SE，GF	225	7.87	1.40
6	W3	TG,SE，FL	225	7.64	1.36
7	W3	OW，FL，GF	225	6.91	1.23
8	W2	OW，TG	150	7.85	1.56
9	W2	OW，SE	150	7.60	1.51
10	W2	OW,FL	150	6.81	1.36
11	W2	OW，GF	150	6.36	1.27
12	W2	TG，SE	150	7.42	1.48
13	W2	TG，FL	150	6.74	1.34
14	W2	SE，FL	150	5.62	1.12
15	W1	OW	75	6.16	1.28
16	W1	TG	75	6.18	1.28
17	W1	SE	75	5.31	1.10
18	W1	FL	75	4.40	0.91

表7.8 干旱年的模拟结果

序号	灌水处理	灌溉时间	灌水量/mm	产量/（t/hm²）	水分利用效率/[kg/（hm²·mm）]
1	W5	OW，TG，SE，FL，GF	375	7.36	1.20
2	W4	OW，TG，SE，FL	300	7.22	1.24
3	W4	TG，SE，FL,GF	300	6.48	1.11
4	W3	OW，TG，SE	225	7.15	1.29
5	W3	OW，SE，FL	225	6.93	1.25
6	W3	OW，SE，GF	225	6.93	1.25
7	W3	TG，SE，FL	225	6.15	1.11
8	W3	SE，FL，GF	225	5.43	0.98
9	W2	OW，TG	150	6.62	1.36
10	W2	OW，FL	150	6.36	1.31
11	W2	TG，SE	150	6.27	1.29
12	W2	FL，GF	150	4.62	0.95
13	W1	OW	75	5.44	1.24
14	W1	TG	75	5.27	1.20
15	W1	SE	75	4.97	1.13
16	W1	FL	75	4.50	1.02
17	W1	GF	75	4.30	0.98

和31.7%。在两次灌水处理（W2）中，在返青期和拔节期两个时期灌水获得的受益最大。然而，如果在越冬期进行灌水，然后在返青或者拔节期灌水，也可以得到相对可观的产量。对于较湿润的年份，W3、W4、W5处理所获得的粮食产量几乎相同。在丰水年，由于降水提供了足够的水分补充，因此即使较少的灌水量也能得到相对较高的产量。而在平水年，即使灌水量最高的处理的粮食产量仍然低于丰水年的产量。在平水年，W2处理能获得最高灌水产量的88%以上的产量，而且有最大水分利用效率，如越冬期+返青期或者越冬期+拔节期灌两次水。总的来看，虽然所有补充灌溉处理所获得的产量都比充分灌溉的产量低，但是灌一次水或者两次水处理（W1或W2）也不会造成过大的粮食产量损失。有研究表明，模型中灌浆期作物的缺水是通过一定程度上影响收获指数（HI）来表征产量的，在其他生长阶段即使是少量的降水也可以满足作物生长的需求[21]。从结果可以看出，灌浆期的灌水作用不明显。而在越冬期或者返青期灌水能获得更大收益，在这两个生育期水分胁迫会影响到小麦分蘖，良好的分蘖是获得高产量的必要前提保障。已有实验表明，早期灌溉能在一定程度上弥补该时期水分亏缺造成的生物量和产量的大幅度减少。

综上所述，在丰水年、平水年和干旱年，相对较高的产量所需的最低灌水量分别为 225mm、150mm 和 225mm。以当地实际灌水资源不足的情况和模型求解的结果为依据，制定了典型年冬小麦水分管理的模式：在丰水年，越冬期+返青期两次灌水；在平水年，W2 为最明智的灌溉方案，如越冬期+返青期或者越冬期+拔节期灌水；在干旱年，推荐在越冬期+返青期+拔节期灌三次水。当然前两次灌水也能得到三次灌水产量的 90%。但是由于当地冬季降水量比较低，农民可以在冬小麦生长的早期阶段适当地进行灌水，以保证获得较高的分蘖，然后在返青或者拔节阶段进行一次灌水，也能够保证三次灌水模式下 90% 左右的产量。以上灌溉模式根据当年播前土壤储水量情况进行相应微调。

参 考 文 献

[1] 黄国勤, 熊云明, 钱海燕, 等. 稻田轮作系统的生态学分析[J]. 生态学报, 2006, 43(4): 1159-1164.

[2] FREDERICK J R, CAMBERATO J J. Leaf net CO_2 exchange rate and associated leaf traits of winter wheat grown with various spring nitrogen fertilization rates[J]. Crop Science, 1994, 34(2): 432-439.

[3] HOWELL T A, YAZAR A, SCHNEIDER A D, et al. Yield and water use efficiency of corn in response to LEPA irrigation[J]. Transactions of the ASAE, 1995, 38(6): 1737-1747.

[4] 赵千钧, 罗毅, 欧阳竹, 等. 鲁西北平原冬小麦耗水过程与节水灌溉管理模式讨论[J]. 地理科学进展, 2002, 21(6): 600-608.

[5] 杨晓亚, 于振文, 许振柱. 灌水量和灌水时期对小麦耗水特性和氮素积累分配的影响[J]. 生态学报, 2009, 29(2): 846-853.

[6] 林葆, 林继雄, 李家康. 长期施肥的作物产量和土壤肥力变化[J]. 植物营养与肥料学报, 1994, (1): 6-18.

[7] GUARDA G, PADOVAN S, DELOGU G. Grain yield, nitrogen-use efficiency and baking quality of old and modern Italian bread-wheat cultivars grown at different nitrogen levels[J]. European Journal of Agronomy, 2004, 21(2): 181-192.

[8] 赵丽娟, 韩晓增, 王守宇, 等. 黑土长期施肥及养分循环再利用的作物产量及土壤肥力变化Ⅳ. 有机碳组分的变化[J]. 应用生态学报, 2006, 17(5): 817-821.

[9] HAO M D, FAN J, WANG Q J, et al. Wheat grain yield and yield stability in a long-term fertilization experiment on the Loess Plateau[J]. Pedosphere, 2007, 17(2): 257-264.

[10] XIANG Y, JIN J, PING H E, et al. Recent advances on the technologies to increase fertilizer use efficiency[J]. Agricultural Sciences in China, 2008, 7(4): 469-479.

[11] XIE Z K, WANG Y J, LI F M. Effect of plastic mulching on soil water use and spring wheat yield in arid region of northwest China[J]. Agricultural Water Management, 2005, 75(1): 71-83.

[12] DENG X P, SHAN L, ZHANG H, et al. Improving agricultural water use efficiency in arid and semiarid areas of China[J]. Agricultural Water Management, 2006, 80(1): 23-40.

[13] ZHAO R F, CHEN X P, ZHANG F S, et al. Fertilization and nitrogen balance in a wheat–maize rotation system in North China[J]. Agronomy Journal, 2006, 98(4): 938-945.

[14] ROCKSTROM J, KARLBERG L, WANI S P, et al. Managing water in rainfed agriculture-The need for a paradigm shift[J]. Agricultural Water Management, 2010, 97(4): 543-550.

[15] ZHANG H M, YANG X Y, HE X H, et al. Effect of long-term potassium fertilization on crop yield and potassium efficiency and balance under wheat-maize rotation in China[J]. Pedosphere, 2011, 21(2):154-163.

[16] GRASSINI P, THORBURN J, BURR C. High-yield irrigated maize in the Western US Corn Belt: I. On-farm yield, yield potential, and impact of agronomic practices[J]. Field Crops Research, 2011, 120(1): 142-150.

[17] WANG H, WANG C, ZHAO X, et al. Mulching increases water-use efficiency of peach production on the rainfed semiarid Loess Plateau of China[J]. Agricultural Water Management, 2015, 154: 20-28.

[18] 康绍忠, 蔡焕杰, 冯绍元. 现代农业与生态节水的技术创新与未来研究重点[J]. 农业工程学报, 2004, 20(1): 1-4.

[19] RAES D, STEDUTO P, HSIAO T C, et al. AquaCrop–The FAO crop model to simulate yield response to water[C]. FAO Land and Water Division, 2009: 1-12.

[20] 郭庆荣, 李玉山. 黄土高原南部土壤水分有效性研究[J]. 土壤学报, 1994, 31(3): 236-243.

[21] RAES D, STEDUTO P, HSIAO T C, et al. AquaCrop reference manual[C]. FAO Land and Water Division, 2009.

第8章　冬小麦氮肥利用效率与管理模式

目前，黄土旱塬区常采用调整施肥制度实现增产目标，大量研究也表明调整施肥制度能有效地增加该地区的粮食产量[1,2]。肥料有效使用也间接影响水分的利用，主要通过增加冬小麦根区深层水分的利用，从而使小麦能更广泛地利用土壤水分[3,4]。然而由于施肥增加地上生物量和植物蒸腾作用，导致作物大量消耗土壤水分[5]，如果土壤水分供应不足，就会导致作物受到较大程度的水分胁迫，若这种情况出现在作物生长发育的关键期，就会造成产量和水分利用效率的降低[6,7]。一些研究表明，过量施肥并不能进一步提高产量，反而会降低肥料利用率[8,9]。亚洲地区的一些长期试验已显示，长期不合理施肥导致产量停滞不前甚至减产[10,11]。合理的氮肥管理对满足作物需求、提高氮肥利用效率和降低氮素损失具有重要意义[12,13]。

利用模型模拟优化施肥制度已成为农田施肥管理有效方法，上述研究结果已显示 AquaCrop 模型能准确模拟根区土壤含水量、地上生物量和粮食产量的变化。但该模型是否可用于模拟黄土高原旱塬区的施氮对冬小麦生长影响还需要进一步分析。因此，以中国科学院长武农业生态试验站农田灌溉施肥资料为依据，以 2006~2012 年不同施肥处理的冬小麦的生长资料对 AquaCrop 模型进行验证，明确 AquaCrop 模型在黄土高原地区施肥管理中的适用性，并利用模型对氮肥管理模式进行优选。

8.1　冬小麦生长与氮肥利用效率分析

8.1.1　冬小麦地上生物量增长与产量分析

图 8.1 显示了不同施肥处理的地上生物量积累过程。在返青期之前地上生物量增长缓慢，在越冬—返青期几乎不增长。返青期以后增长速度加快，后期增长速度减缓并趋于稳定。其中在 2008~2009 年生长季，各施氮处理的地上生物量积累之间差异不大，但 N0 处理显著低于其他施氮处理。在 2009~2010 年生长季，N4 和 N5 处理的生物量最高，N0 最低。在 2010~2011 年生长季，N4 的地上生物量最高值为 10.5t/hm²。在 2011~2012 年生长季，N1 和 N2 处理的生物量与高氮处理的地上生物量相当，分别达到 13.1t/hm² 和 13.6t/hm²。结果也显示，施肥显著增加了冬小麦的地上生物量，N0 处理的生物量都最低，但最高施氮处理的地上生物量不一定最高。其中 2008~2009 年生长季各施氮处理的地上生物量之间差异不大，可能是由于试验初期，肥料效应没有完全体现出来。

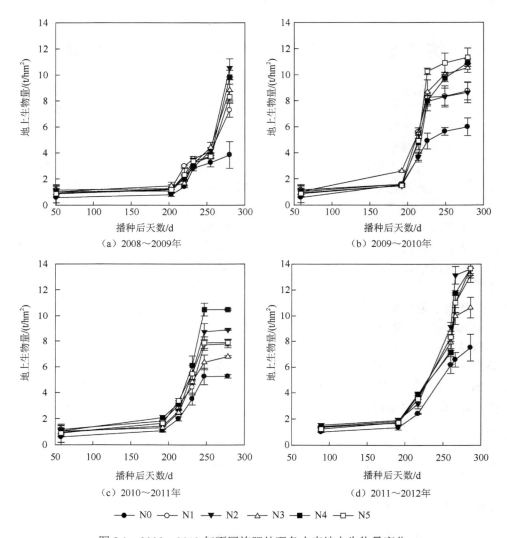

图 8.1　2008～2012 年不同施肥处理冬小麦地上生物量变化

　　图 8.2 显示了不同施肥处理下冬小麦产量变化。与不施肥处理相比，施氮显著增加了冬小麦的产量。试验第一年，冬小麦产量随着施氮量的增加依次增加。总体产量也随着试验年限有所提高。六个试验季的平均产量分别为 4.13t/hm²、4.53t/hm²、4.50t/hm²、4.99t/hm²、4.56t/hm² 和 6.31t/hm²。随着试验年限增加，与不施肥处理相比最高施氮处理的增产趋势越来越不明显，N2、N3 和 N4 的增产效果逐步明显。其中 N3 处理在六个生长季增产分别为 60.1%、177.4%、165.7%、222.2%、152.5%和 175.7%。而 N5 处理在六个生长季增产分别为 86.5%、147.9%、164.1%、173.9%、126.1%和 138.5%。

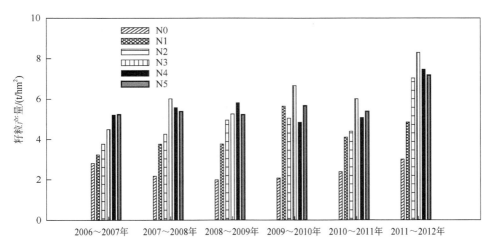

图 8.2　试验期间不同施肥处理冬小麦产量变化

8.1.2　氮肥利用效率分析

氮肥农学利用效率（AEN）可表示为（Y_N-Y_0）/R_N，其中 Y_N 为施氮小区籽粒产量，Y_0 为不施氮空白小区籽粒产量，R_N 为施氮小区氮肥施用量。表 8.1 所显示的结果表明，氮肥利用效率均随施肥量增加而降低。除了 2006～2007 年第一年试验之外，其他生长季的 N1 处理的氮肥农学利用效率均显著高于其他施氮处理，N5 处理最低。2008～2009 年和 2011～2012 年生长季的 N1、N2 和 N3 处理彼此间无显著差异，但是同其他年份一样都明显高于 N4 和 N5 处理。按施氮量由低到高的顺序，六个生长季平均 AEN 为 19.7kg/kg、16.7kg/kg、16.5kg/kg、10.9kg/kg和 8.74kg/kg。

表 8.1　不同施氮条件下小麦氮肥农学效率

年份	处理	AEN/（kg/kg）	年份	处理	AEN/（kg/kg）
2006～2007 年	N1	5.73d	2008～2009 年	N1	23.7a
	N2	6.40c		N2	19.9a
	N3	7.51b		N3	14.6b
	N4	8.03a		N4	12.8b
	N5	6.48c		N5	8.67d
2007～2008 年	N1	21.2a	2009～2010 年	N1	47.6a
	N2	13.9c		N2	19.9b
	N3	17.1a		N3	20.4b
	N4	11.4c		N4	9.27c
	N5	8.56d		N5	9.60c

年份	处理	AEN/（kg/kg）	年份	处理	AEN/（kg/kg）
	N1	22.9a		N1	24.7a
	N2	13.5c		N2	26.9a
2010～2011 年	N3	16.1b	2011～2012 年	N3	23.5a
	N4	9.00d		N4	14.9b
	N5	8.00d		N5	11.1c

8.2　氮肥管理模式优选

8.2.1　土壤水分分布特征模拟分析

图 8.3 显示了利用 AquaCrop 模型模拟的 2009～2010 年和 2011～2012 年六个不同施氮量（N0、N1、N2、N3、N4、N5）的小麦的根区储水量。结果显示，模型可以较好地模拟土壤储水量分布。由于 2011～2012 年降水量较多，该年份的

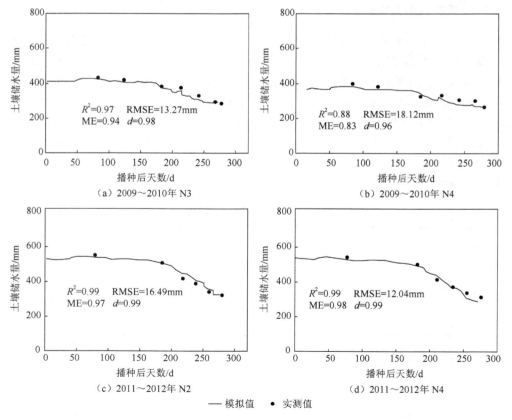

图 8.3　2009～2010 年和 2011～2012 年 0～188mm 土层土壤储水量的模拟值与实测值

土壤储水量总体高于 2009~2010 年的土壤储水量。但是作物生长后期土壤储水量下降较为明显。对于 2009~2010 年，降水较少的情况下，高氮处理的土壤储水量较 N3 处理低。其中 N3 处理的模拟结果的 R^2、RMSE、ME、d 分别为 0.97、13.27mm、0.94、0.98。N4 处理的模拟 R^2、RMSE、ME、d 分别为 0.88、18.12mm、0.83、0.96。对于 2011~2012 年，N2 和 N4 处理的土壤储水量变化趋势基本一致。可能是与降水较多，有足够土壤水供作物利用有关。其中 N2 处理的模拟 R^2、RMSE、ME、d 分别为 0.99、16.49mm、0.97、0.99。N4 处理的模拟 R^2、RMSE、ME、d 分别为 0.99、12.04mm、0.98、0.99。

8.2.2　冠层增长模拟分析

图 8.4 显示了 2009~2010 年生长季 N1、N4 以及 2011~2012 年生长季的 N2、N5 处理的冠层覆盖度变化过程。由图可见，模型模拟结果与实测值除了冬小麦生长的前期效果稍差些，整个生长过程的吻合度都较好。在 2011~2012 年生长季，

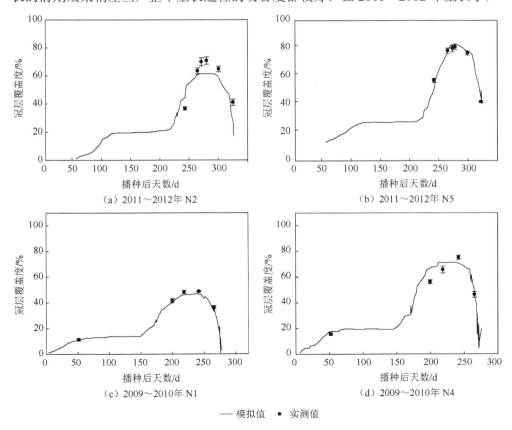

（a）2011~2012 年 N2　　　　　　　　（b）2011~2012 年 N5

（c）2009~2010 年 N1　　　　　　　　（d）2009~2010 年 N4

—— 模拟值　• 实测值

图 8.4　2009~2010 年和 2011~2012 年冬小麦冠层覆盖度模拟值与实测值

高氮处理的模拟结果优于低氮处理。而在 2009～2010 年，结果相反，这可能与降水量有关。在湿润年，模型对高氮处理的模拟较准确，而平水年相反。总之，AquaCrop模型能够较为精确地模拟不同氮水平下冬小麦播种后的冠层覆盖度的发展趋势。

8.2.3　地上生物量模拟分析

用 AquaCrop 模型模拟 2008～2009 年和 2011～2012 年不同施氮水平条件下的地上生物量，图 8.5 显示模拟值与实测值具有较好的一致性，但二者之间也存在一定差异。就 2008～2009 年 N1、N5 和 2011～2012 年 N2、N4 情况而言，模型高估了冬小麦返青期以前的地上生物量。这与模型不能很好地模拟越冬期有关。后期的模拟结果较准确，仅 2011～2012 年收获时期的地上生物量模拟结果偏高。总的来说，模型对高氮处理的地上生物量模拟效果比低氮处理要好。

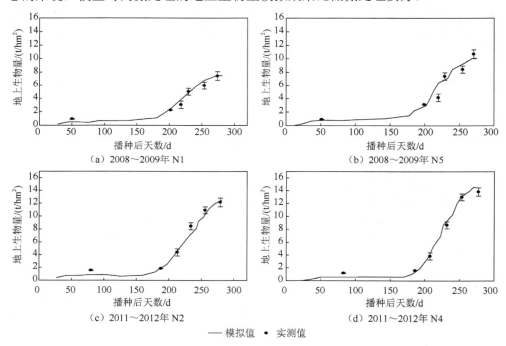

图 8.5　2008～2009 和 2011～2012 年冬小麦地上生物量的模拟值与实测值

8.2.4　冬小麦产量模拟分析

采用 AquaCrop 模型对各施氮处理的冬小麦籽粒产量进行了模拟分析，具体结果见图 8.6 和表 8.2 中。图 8.6 中显示了四年不同施氮处理的籽粒产量实测值与模拟值。所有试验年限里不同处理产量的模拟值为 2.18～7.51t/hm²，而实测值为 1.98～8.30t/hm²。其中 2009～2010 年的模拟误差较大。2008～2009 年和 2009～

2010 年的模型模拟精度较 2010～2011 年和 2011～2012 年的模拟精度低。这说明模型在平水年较其他年份的模拟更准确。

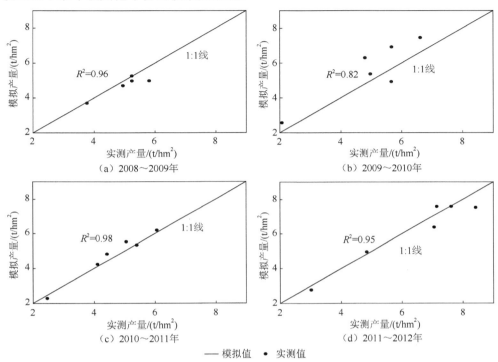

图 8.6 不同生长季的冬小麦产量模拟值与实测值

表 8.2 各年份地上生物量和产量模拟结果

年份	处理	地上生物量			产量		
		实测值 / (t/hm²)	模拟值 / (t/hm²)	误差/%	实测值 / (t/hm²)	模拟值 / (t/hm²)	误差/%
	N0	5.23	5.10	-2.55	2.81	2.27	-23.79
	N1	6.11	5.89	-3.74	3.24	3.02	-7.28
2006～	N2	7.93	8.10	2.10	3.77	3.60	-4.72
2007 年	N3	8.8	9.28	5.17	4.50	4.24	-6.13
	N4	9.96	10.71	7.00	5.22	5.03	-3.78
	N5	9.92	10.70	7.29	5.24	5.05	-3.76
	N0	3.79	4.30	11.86	2.17	2.18	0.46
	N1	7.16	7.09	-0.99	3.76	3.50	-7.43
2007～	N2	10.36	10.11	-2.47	4.26	4.06	-4.93
2008 年	N3	11.86	12.03	1.41	6.02	6.01	-0.17
	N4	10.21	9.98	-2.30	5.58	5.20	-7.31
	N5	9.52	10.01	4.90	5.38	5.34	-0.75

续表

年份	处理	地上生物量			产量		
		实测值 / (t/hm²)	模拟值 / (t/hm²)	误差/%	实测值 / (t/hm²)	模拟值 / (t/hm²)	误差/%
2008~ 2009 年	N0	3.89	4.63	15.98	1.98	2.19	9.59
	N1	7.29	7.34	0.68	3.76	3.75	-0.27
	N2	9.96	9.45	-5.40	4.96	4.70	-5.53
	N3	9.94	10.55	5.78	5.26	5.20	-1.15
	N4	9.69	9.12	-6.25	5.81	4.95	-17.37
	N5	8.81	10.06	12.43	5.23	4.96	-5.44
2009~ 2010 年	N0	4.79	4.89	2.04	2.07	2.51	17.53
	N1	9.46	9.37	-0.96	5.64	4.92	-14.63
	N2	8.99	10.90	17.52	5.06	5.33	5.07
	N3	12.98	13.98	7.15	6.67	7.42	10.11
	N4	10.74	11.77	8.75	4.85	6.20	21.77
	N5	10.92	12.82	14.82	5.67	6.90	17.83
2010~ 2011 年	N0	4.43	4.49	1.34	2.38	2.29	-3.93
	N1	7.89	8.20	3.78	4.10	4.25	3.53
	N2	8.65	9.80	11.73	4.4	4.81	8.52
	N3	10.82	11.99	9.76	6.01	6.20	3.06
	N4	9.04	10.21	11.46	5.08	5.48	7.30
	N5	9.64	10.68	9.74	5.38	5.32	-1.13
2011~ 2012 年	N0	5.75	4.96	-15.93	3.01	2.73	-10.26
	N1	10.65	9.57	-11.29	4.86	4.88	0.41
	N2	12.15	12.32	1.38	7.04	6.29	-11.92
	N3	13.72	14.76	7.05	8.30	7.51	-10.52
	N4	13.80	14.76	6.50	7.47	7.51	0.53
	N5	13.62	14.76	7.72	7.18	7.51	4.39

8.2.5 氮肥管理模式优选

模型模拟结果显示，N3 处理能够获得最高产量。虽然湿润年份产量较其他年份相对高，但是在不同的年份施肥处理的籽粒产量有类似的变化趋势。综合来看，N4 和 N5 处理的粮食产量却不是最高，而 N3 处理的粮食产量最高。在不同年份里，为了保证获得较高的粮食产量，相应的施氮量应为 150~225kg N/hm²。这与我国高产玉米田推荐施肥量（平均 237kg N/hm²）[14]以及美国内布拉斯加州高产玉米田采用的施肥量（平均 183kg N/hm²）基本一致[15]。过量施肥并不能获得更高的产量，相反会造成肥料浪费及环境污染。粮食产量随着施氮量的增加而增加，但随着施氮量增加，产量不随之增加，相反会减少。实际生产中，由于缺乏科学指导，农户田块中存在大量不合理施肥现象，如过量施肥和施肥不足，造成区域间存在较大的产量变异[16]。因此，建议在施肥不足区域应提高施肥量以提高产量，而在施肥过量区域应降低施肥量以提高氮肥利用效率、降低氮素损失。以当地实际情况和模型模拟结果为依据，制定了推荐该区氮肥管理模式，每年施用的氮肥量为 150～225kg N/hm^2，按照实际情况，平水年和干旱年可以稍微调低，湿润年稍微上调。

参 考 文 献

[1] 陶林威, 马洪. 陕西省降水特性分析[J]. 陕西气象, 2000, (5): 6-9.

[2] ANDARZIAN B, BANNAYAN M, STEDUTO P, et al. Validation and testing of the AquaCrop model under full and deficit irrigated wheat production in Iran[J]. Agricultural Water Management, 2011, 100 (1): 1-8.

[3] WIEDENFELD R P. Water stress during different sugarcane growth periods on yield and response to N fertilization[J]. Agricultural Water Management, 2000, 43(2): 173-182.

[4] HAO M D, FAN J, WANG Q J, et al. Wheat grain yield and yield stability in a long-term fertilization experiment on the Loess Plateau[J]. Pedosphere, 2007, 17(2): 257-264.

[5] BROWN P L. Water use and soil water depletion by dryland winter wheat as affected by nitrogen fertilization[J]. Agronomy Journal, 1971, 63(1): 43-46.

[6] NIELSEN D C, HALVORSON A D. Nitrogen fertility influence on water stress and yield of winter wheat[J]. Agronomy Journal, 1991, 83(6): 1065-1070.

[7] HUANG M, DANG T, GALLICHAND J, et al. Effect of increased fertilizer applications to wheat crop on soil-water depletion in the Loess Plateau, China[J]. Agricultural Water Management, 2003, 58(3): 267-278.

[8] FREDERICK J R, CAMBERATO J J. Leaf net CO_2 exchange rate and associated leaf traits of winter wheat grown with various spring nitrogen fertilization rates[J]. Crop Science, 1994, 34(2): 432-439.

[9] HOWELL T A, YAZAR A, SCHNEIDER A D, et al. Yield and water use efficiency of corn in response to LEPA irrigation[J]. Transactions of the ASAE, 1995, 38(6): 1737-1747.

[10] SINGH U, LADHA J K, CASTILLO E G, et al. Genotypic variation in nitrogen use efficiency in medium-and long-duration rice[J]. Field Crops Research, 1998, 58(1): 35-53.

[11] BALIGAR V C, FAGERIA N K, HE Z L. Nutrient use efficiency in plants[J]. Communications in Soil Science and Plant Analysis, 2001, 32(7-8): 921-950.

[12] 林葆, 林继雄, 李家康. 长期施肥的作物产量和土壤肥力变化[J]. 植物营养与肥料学报, 1994, (1):6-18.

[13] 赵丽娟, 韩晓增, 王守宇, 等. 黑土长期施肥及养分循环再利用的作物产量及土壤肥力变化Ⅳ.有机碳组分的变化[J]. 应用生态学报, 2006, 17(5): 817-821.

[14] GUARDA G, PADOVAN S, DELOGU G. Grain yield, nitrogen-use efficiency and baking quality of old and modern Italian bread-wheat cultivars grown at different nitrogen levels[J]. European Journal of Agronomy, 2004, 21(2): 181-192.

[15] YAN X, JIN J, HE P, et al. Recent advances on the technologies to increase fertilizer use efficiency[J]. Agricultural Sciences in China, 2008, 7(4): 469-479.

[16] ZHAO R F, CHEN C P, ZHANG F S, et al. Fertilization and nitrogen balance in a wheat–maize rotation system in North China[J]. Agronomy Journal, 2006, 98(4): 938-945.